茶味初见

茶汤中的二十四节气

静清和 著

九州出版社
JIUZHOUPRESS

图书在版编目（CIP）数据

茶味初见 / 静清和著. --北京：九州出版社，2022.12

（静清和作品）

ISBN 978-7-5225-1487-1

Ⅰ. ①茶… Ⅱ. ①静… Ⅲ. ①茶文化－中国－通俗读物 Ⅳ. ①TS971.21-49

中国版本图书馆CIP数据核字（2022）第230254号

茶味初见

作　　者　静清和　著
选题策划　于善伟
责任编辑　毛俊宁
封面设计　吕彦秋
出版发行　九州出版社
地　　址　北京市西城区阜外大街甲35号（100037）
发行电话　（010）68992190/3/5/6
网　　址　www.jiuzhoupress.com
印　　刷　北京捷迅佳彩印刷有限公司
开　　本　880毫米×1230毫米　32开
印　　张　15
字　　数　350千字
版　　次　2023年3月第1版
印　　次　2023年3月第1次印刷
书　　号　ISBN 978-7-5225-1487-1
定　　价　98.00元

总序

正本清源说茶真

时光如梭，光阴似箭。从2014年的《茶味初见》出版，到今年的《饮茶小史》付梓，春去冬来，不觉十余年矣。板凳甘坐十年冷。十余年来，我几乎放弃了所有的娱乐及社交活动，不是在茶山做茶，就是在灯下写稿，只为专心把自己要写的系列茶书写完。门前的枝柯绿了又黄，黄了还绿，而我却早已两鬓斑白、双目昏花。其中甘苦，冷暖自知。

在近代中国的茶界上下，包括一些学者，但凡谈及茶，必然会提到神农、三皇五帝与诸多神话传说，似乎言及的历史越久远，则表征自己于茶的研究或理解越深刻，这其实是非常荒唐与可悲的。对于这些乱象，西汉刘安在《淮南子》卷十九中，早已一语道破。其中写道："世俗之人，多尊古而贱今，故为道者，必托之于神农、黄帝而后能入说。"古人尚且明白的道理，习茶的今人，却将这些经不起推敲与反问的神话、传说奉为圭臬，且以讹传讹、人云亦云，岂不更加荒谬？鉴于此，我便从 2008 年伊始，在当时的茶论坛及新浪博客，撰写了多篇持不同观点的文章，意在拨乱反正，并以节气为纲，谨遵四时之序，持续写下了应怎样按照二十四节气的变化，去顺时应序、健康喝茶的系列文章，后结集成为我的首部茶书《茶味初见》。此后，又陆续出版了《茶席窥美》《茶路无尽》《茶与茶器》《茶与健康》《饮茶小史》等专著。

著作虽然不多，其中也可能存在着诸多不足，但却凝聚着我十余年来执着于茶的心血与汗水。在日常的交往中，经常会有朋友、学生问起，这六本书应该怎样去阅读？是否存在着先后的顺序？作为作者，我认为：习茶一定先从最优质的茶喝起，依照先好后次的顺序，在建立起必要的审美与正确的口感之后，茶之优劣，豁然确斯。因此[illegible]子说："故观于海者难为水，游于圣人之门者难为言。"而读茶书，[illegible]宜遵循先难后易、先专业后休闲的原则，以理性客观、专业系统的[illegible]为保障，此后的所学，才不容易被碎片化、江湖化、鸡汤化的信[illegible]带偏。假如阅读放弃了系统性、深刻性，不仅于己无益，而且还[illegible]堕入低级、反智的陷阱之中。倒餐甘蔗入佳境，柳暗花明又一村，不才是读书、学习的最佳感觉吗？

面对《茶味初见》《茶席窥美》《茶路无尽》《茶与茶器》《茶与健康》《饮茶小史》，可先通读《茶路无尽》，把六大茶类的本质及茶类起源的相互影响了解清楚，建立起茶的基本知识与框架之后，再读《茶与健康》，就能更本质地去认知茶，端正和培养健康的饮茶理念，始可正本清源。当洞悉了茶的本质以后，自然就会对泡茶的原理了然于心，此时去读《茶席窥美》，有意识地运用人体工学原理，在人、茶、器、物、境的茶道美学空间里，去感受茶与茶器惠及我们的身心愉悦、美学趣味，才能使我们的日常生活艺术化、审美化。

当对实用且美的茶器，有了初步的认知之后，若再去系统地阅读《茶与茶器》，就能清楚，针对不同的茶类，应该怎样去正确地辨器、择物？也会了解制茶技术与饮茶方式的进步，是如何交互影响到茶器的设计、应用及演化的。而贯穿于饮茶历史中的茶与茶器的鼎新与变化，能让我们一窥千百年来古人吃茶的风景及审美的变迁。此后，再读《饮茶小史》，就会通晓煮茶、煎茶、点茶、泡茶之间的深层关联和区别，也会理解浮生日用的果子茶、文人茶及工夫茶之间的演化规律及逻辑关系。

厚积落叶听雨声。当透彻理解了茶与茶器的底蕴，就能充分地去享受因茶而生的茶道美学，在四时的光影里，依照节气的变化，从立春到立冬，在每天的一盏茶里，去领略蕴含在二十四节气中的茶汤与茶席之美，生活便因茶而产生了超越庸常的悦人之美，以此抗拒人生所可能遭遇到的诸多无奈、无聊、无趣、无味。至此，上述六本书的内容，就可以构成一个相互解读、相互补充、相互参照、相互印证的较为完整的知识体系。在知识碎片化、阅读碎片化的当下，这套知识体系较为完整、思想较为独立、视角较为独特的全新纸质茶书的出版，便凸显出了其特殊的价值与意义。

窗前明月枕边书。尤其是珍藏一套知识体系较为完整且有一定深度的茶书，闲暇光阴里，茶烟轻飏，披读展卷，书香、茶香，口齿噙香，是尘俗里的洗心之药；世味、茶味，味外之味，是耐得住咀嚼的浮世清欢。

静清和

2022年11月18日

再版序

《茶味初见》一书，原是数年前，沿袭二十四节气品茶与茶山观察的随笔。我不是作家，也不是文人，当初写下这些文字，留下那些图片，纯属随心所欲，尽在一个好玩。后经善伟兄推荐，得以结集出版。虽瑕疵重重，承蒙读者不弃，于此我还是有些诚惶诚恐。

时光荏苒。幸在五年后的今天，《茶味初见》又要再版，我才有机会努力做些补赎。尽管到今天为止，我仍然不谙摄影。奈何天生鲁钝，唯有靠勤补拙。借此删减了许多时过境迁的轻薄之言，补充了很多必要的别茶经验与习茶常识，增加了当初未能出版的 24 个章节，同时对过去不满意的图片，也进行了有针对性的大幅更换。如此，新书从图片到文字，也算是焕然一新了。再读，便似啖蔗从梢。

为修订此书，我从草木萌动，改到荼靡花开；从己亥年的雨水，一直忙碌到立夏。时光真禁不起用，一晃就是三个多月。夙夜所为，得毋抱惭于衾影。吾生也有涯，而知也无涯。花费如此多的心血，去修订一本曾出版过的畅销茶书，为的就是一个心安，使逻辑更加严谨，让观点臻于完善。反思自己兢兢业业所做的一切，若是无法启迪后人也就罢了，但至少不能因知见不正而误导他人，否则，不仅有辱斯文，而且罪过着实不小。

明代徐光启《农书·天时之宜篇》云：“万物因时受气，因气发生。时至气至，生理因之。”人与茶，亦复如是，与天地相感，与日月相应。四时阴阳之气，生长化收藏，故有草木暄妍，露浓花瘦，秋去春来，生生不息。《茶味初见》一书，谨遵四时之序，以春为始，以冬为终。自二十四节气的立春开篇，写至大寒；从早春的茶芽脱壳，写到寒冬里茶树的花果相遇；立体呈现着不同节气里茶山的独特风景。在不同的季节中，在各异的物候里，在四时的光影里，应该怎样顺时应季地去健康喝茶？由此理顺了与《茶席窥美》《茶路无尽》《茶与茶器》《茶与健康》的知识连贯性，使之成为一个可以相互解读、相互参照的完整的知识体系。

《茶味初见》是我写于不惑之年的首部著作，其中渗透着那个年龄对茶超乎寻常的热爱与思考。尽管有些思考不见得成熟和理性，但是，我在修订中，还是刻意保留了一些片断，那毕竟是我成长的一段真实记录，也是曾经走过的一段心路历程，其中包含着我的所读、所言、所思、所历。期间有迷茫、有坚持、有欣喜、有蜕变，希望这些无足轻重的体会，能对习茶者有所启迪，以之为鉴，可以少走一些弯路。这些体会和思考，就像早秋树上缀满的果实，其滋味的青涩，不妨碍视野中的风景如画。春华秋实，各蕴其美，却各有各的况味。

茶饮之乐，在于知微见著，在于五味调和。茶味“初见”时，是蒋捷的“少年听雨歌楼上，红烛昏罗帐”。再见“茶味”，却是“而今听雨僧庐下，鬓已星星也”。光阴蹉跎经年，茶汤里添了许多人生照见，多了如许人生滋味，不知是喜是悲？悲喜相依，苦甘并存，是人生初见，也是茶味再现。

芒鞋踏破茶山，渺渺前世因缘，一生清福，尽在茗碗炉烟。虽半生碌碌，犹不言悔。世间浮华厚味，难敌有味清欢。

静清和

写于己亥年立夏

目录

立春

雨水

惊蛰

CONTENTS

春分

清明

谷雨

目录

CONTENTS

立秋

处暑

白露

目录

CONTENTS

秋分

寒露

霜降

目录

立冬

小雪

大雪

CONTENTS

冬至

小寒

大寒

立春

九曲红畔梅花开
春端细说茶究竟
迎春正启流霞席
不在梅边在茶边

迎春正启
流霞席

俗话说："春打六九头。"今天是六九的第一天，也迎来了二十四节气中的首个节气——立春。春天到了，便觉眼前生意满。从此后，熏梅染柳，万象更新。

立春后的寒气依然刺骨，茶室内却温暖如春。黝黑的梅瓶里，清供一枝洁白的山茶花，娇姿绰约，香清似煮茶。花香里氤氲着淡淡的茶意，清幽的香气勾出了我的茶瘾。于是，便从茶柜里找出一红一绿两款象征江南春早的茶，次第瀹泡，以迎接这个春天的姗姗来迟，也算是"咬春"了。

我模仿着宋人的风雅，炉煎涓水。用斗笠型的油滴老盏，碗泡去年清明的西湖龙井。绿茶历经一年的沉寂，杀青、干燥的火味浮气，已踪影全消。水经三沸，悬壶低冲，婉转浮沉在水中的茶芽，娉娉婷婷，肥茁绿黄。茶香入口，低沉细幽。相比往昔，茶汤更加的温润甜滑。的确如清代陆次云所记：龙井真者，甘香如兰，幽而不洌，"啜之淡然，似乎无味，饮过后，觉有一种太和之气，弥瀹乎齿颊之间，此无味之味，乃至味也。”

好茶，经得起回味。在口齿噙香中，我对很多人困惑的“无味之味”，当下便豁然开朗。陆次云看似无味的“味”，是指嗅觉能捕捉到的，在杀青干燥过程中产生的燥气、浮香及火味。而无味之味的“味”，则是指茶的真香、真味沉郁入水，与水相融。我们依靠口腔能感觉到的，是隐含在茶汤里、缠绵芬芳的豆花香或兰花香。那种敏锐触动着味蕾而产生的愉悦舒畅，以及含蓄内敛的清雅气韵，就是“此无味之味”，方为至味了。

健康的饮茶方式，一定是要关注自身的阴阳平衡、寒温相宜，用茶去发散人生中的不平之气，去平衡饮食带给身体的过多热量。寒则热之。几盏清寒的绿茶饮尽，如果再饮，就要选择稍偏温和的茶类，以保持身体的阴平阳秘。食饮有节，法于阴阳，调于四时，病从安来？喝茶利于健康，也要学会健康喝茶。

我用龙泉梅子青盖碗，冲泡同样产于西湖之畔的九曲红梅，以红茶的甘醇，去缓和绿茶饮过的清寒。缓慢注水，温润慢泡。影青的玉兰花口杯里盛着茶汤，愈显出九曲红梅的红汤金圈、灿若霞蔚。

如果碗中的西湖龙井，像苏堤的柳翠依依，那么，盏里的九曲红梅，一定是白堤的桃之夭夭。两茶一体而同源，皆为春物荣。二者于此相依相望，却都是西湖烟雨中的最深最浓春色。

红茶味甘叶瘦，绿茶清寒芽肥。绿肥红瘦相遇在当下，便有了倚红偎翠的诗意，清美得令人遐想不已。饮过九曲红梅的心旷神怡，与西湖龙井啜过后的清爽快意，其茶意茶境，犹如《红楼梦》中大观园的“怡红快绿”。娇红的海棠，新绿的芭蕉，都是茶席上不可或缺的清雅。“绿蜡春犹卷，红妆夜未眠。”“对立东风里，主人应解怜。”饮罢读毕，茶韵诗意，活色生香，妙不可言。

立春之日，“瓦铫煮春雪，淡香生古瓷。”瀹红饮绿，茶已喝透，气机通达，腹背暖暖。席间山茶的冷艳，遮不住“碗转曲尘花”的春意翩然。瓦铫煮沸了春雪，炉火正旺。袅袅茶烟中，我流连顾盼古瓷盏里茶汤的温软、馨香挂杯的持久不散。

九曲红畔
梅花开

茶本苦寒，其性精清，其味浩洁。它与高标逸韵的梅花，都是有品格的，可互为知音。二者共同的清香淡洁、韵高致静，都是在历经霜雪苦寒后，孕育而成的。

在诸多茶中，冲泡时芽叶舒展似梅花朵朵，又能散发出梅花清香的，当属西子湖畔的九曲红梅了。梅占茶，是因茗花盛开时，花瓣似腊梅而得名，巧占了“梅占百花魁”的雅号。梅占的茶青，在不同的工艺条件下，可制成白茶、岩茶、白琳工夫红茶及白毛猴绿茶，基本上都偏兰香，冠梅之名却乏梅香，名难副实。除了武夷岩茶中的水金龟，茶香似梅花，近年我做的一款老白茶，竟也奇迹般地泡出了难得的梅花滋味。因梅花香气清冷得近乎苦杏仁的味道，故又名“杏仁香”。

九曲红梅，简称“九曲红”。色红香清如梅，产于杭州市郊的湖埠、仁桥、大坞山周边，尤以湖埠大湖山的品质最佳。九曲之名，源于武夷山的九曲溪。相传在太平天国时期，九曲溪附近的部分农民为避战乱，北迁至杭州灵山一带，为谋生计，便把闽北的红茶工艺带到了浙北，始有九曲红的香满天下。这符合红茶技术的对外传播路线。

立春后的天气，雨晴不定，乍暖还寒。找了个清闲的日子，与清如诸友雅聚。清如琴抚《梅花》，我用老铁壶煮水，紫砂壶瀹泡陈年的九曲红梅。

清供的蜡梅娇黄，恰恰半开。花可香我，胜过焚沉。《梅花》清越，茶烟轻扬。九曲红梅味厚，如蜜糖甜。两水后，汤中隐现苹果花香。四水伊始，汤香近似幽兰。八水过后，味尽淡然。我低斟浅啜，仔细辨别，始终没有品出茶汤里应有的梅花香气。到底是蜡梅花开的清冽，干扰了味蕾，还是琴弦的清婉，影响了判断？一时说不清楚。难道此情此景，也巧合了古人的诗意？“懊恨幽兰强主张，开花不与我商量。鼻端触著成消受，着意寻香又不香。”

有求莫若无求好，人到无求品自高。曾子云：“求于人者畏于人。”顺其自然，心无增减。无所求，并非不思进取；不求的，是与自身生命质量无关的东西。有也不多，无也不少。少点欲求，便少了许多纠结与焦虑。人生的刻意攀缘，往往会事与愿违。

九曲红梅，是西子湖畔的百年红茶。曾经客居西冷的柳如是喜欢瀹茶，品过龙井，这是毫无疑问的。她在寒食节里，写下

“桃花得气美人中”时，是否也饮过此茶?

一壶九曲红梅，茶芽在水中润开。枣红的叶张舒展，形若孤山的梅花开放。四溢的茶香，又恍如梅花的芬芳萦绕。令人惋惜的是，在宋代还没有红茶，否则，隐于孤山、葬于孤山、梅妻鹤子的林和靖，会是多么爱煞这一盏!

春寒料峭里，动人的春色不多，满眼里还是枯索静寂的萧瑟。在一盏九曲红梅的淡淡茶香里，我嗅出了钱塘水光山色中的春深春浅。春到人间草木知。不知苏堤的柳烟、白堤的碧桃、满觉陇的桂树、狮峰山的御茶，是否已经萌发?

不在梅边
在茶边

《红楼梦》洋洋洒洒，笔墨万千，满纸里透着茶香。一个气质美如兰的妙玉，演绎着“栊翠庵茶品梅花雪”的清绝茶梦。栊翠庵中，又是妙玉的十数株如胭脂一般的红梅，映着雪色，寒香拂鼻，惹得宝玉踏雪寻梅，“寻春问腊到蓬莱”，“衣上犹沾佛院苔”。琉璃世界里，白雪、红梅、香茶、佳人的机缘巧合，让我寻章摘句，也不能写尽其中的冷艳孤高，唯留满口余香。

能把茶香、禅味、白雪和蜡梅，慧心妙手烹在一处的茶还真有，名字叫作素梅。今年寒露，我在陆羽著《茶经》的浙江长兴有幸品过。素梅茶是在落雪天里，采摘寿圣寺的素心腊梅，把头春的安吉白茶与吐着幽香的半开蜡梅，隔层叠放在一起，经多道手工精心窨制，等安吉白茶吸足了素心蜡梅的馨香，烘干后始成。钱群英老师赠我的素梅，而今尚余一泡。静待好天气，与有缘人分享这一抹清香。

雪晴的午后，玉壶春瓶里清供着梅花。我沐手焚香，读南怀瑾注的《金刚经》偈颂："默然无语是真闻，情到无心意已熏。撒手大千无一物，莫凭世味论功勋。"好书好文亦如好茶，能安抚平静人的内心。

在室内坐久了，背凉脚寒。起炭煎水，炉火自红，瀹泡五十年代的台湾乌龙。老茶惜饮，选用80ml的朱泥梨形小壶。甫一出汤，茶烟缭绕，参香回荡，陈韵悦人。

会喝茶，有好茶喝，是一种清福。喜欢茶，能遇到老茶，是修来的福报。过去我独饮此茶时，恰逢茶友来访，便会多分一盏，饮毕茶友连声道谢。知己难求。茶本是清饮之物，要与懂它

的人分享，才能物尽其用。好茶碰到的就是缘，有缘的，来得总是不早也不晚。不同季节里的同一杯茶，气韵和滋味会不尽相同。每一次难得的茶聚，都是一期一会，理当且饮且珍惜。

啜茶回味间，鼻端梅香浮动，清凉悠然。老茶喉韵深长，口齿间老茶特有的沉香、参香、木香，浓淡忽见。茶室内，老山檀的丝丝青烟，弥散渐远。清时独坐绕滋味。一杯茶中，能够忙里偷闲，香中缠绵。 由此可见，只要素淡心简，幸福距离我们并不遥远。

早春的时光，我最牵念南京梅花山的一树树花开。只要能够脱身，每年我都会去山中赏梅。明孝陵的周边，到处皆诗境，随处有物华。不单单是梅花，金陵翠绿的雨花茶，同样能让人乐不思蜀。

幽人心似梅花清，梅花亦作如是说。我常常在遐想，如能在梅花含苞的晓日轻烟、黄昏雪夜，膝上横琴，林间吹笛，扫林间竹叶，煎绿萼梅上新落的雪水，沾其幽微冷韵，清闲地泡上一盏与它相应契合的茶，且有一二知己共品，该是何等的意趣盎然！

春端细说
茶究竟

日常生活中，我们常提到品茗与喝茶，细究起来，“茗”与“茶”的差别，还是挺大的。

陆羽《茶经》引用晋代郭璞《尔雅注》云：“树小似栀子，冬生叶，可煮羹饮，今呼早取为茶，晚取为茗，或一曰荈，蜀人名之苦茶。”古时的喝茶方式，是把茶叶煮饮或作羹饮，尤其是唐代以后，其饮茶方式，还是受到了国家法定药典《唐本草》及孟诜《食疗本草》的指导与深刻影响。郭璞的“早取”，是指春来茶芽萌发之前，上年凌冬而生的成熟且柔韧的叶片，故曰“早取为茶”。从我们今天喝茶的实践可知，较成熟叶片的咖啡碱含量，要比芽茶的含量低，故甜润而不苦涩，更适合煮饮。“茗”，古时通“萌”。《说文解字》：“萌，草木芽也，从草明声。”“芽，萌也，从草牙声。”因此，立春以后，茶树新萌生的茶芽，方可称之为茗，它比冬生叶晚采，故曰“晚取为茗”。《魏王花木志》也说：“茶，叶似栀子，可煮为饮。其老

叶谓之荈，嫩叶谓之茗。”

今天我们喝茶，细嫩的茶叶基本是泡着喝。较嫩的茶芽，如果煮着喝，既容易损坏茶的鲜爽，又苦涩得难以下咽。只有较粗老的茶叶，如茶梗、寿眉、粗叶，或陈化到位的年份茶，才会煮着喝，煮出的茶汤水厚且甜。较嫩的茶，如绿茶，可品可赏，故我们常常讲品茗，而不会说喝茗。唐代以前的人习惯煮茶，一方面受到了简易制茶方式的局限；另一方面，也受到了茶叶从食用到药用，又从药用到食用不同发展历程的影响。所以，那时采摘的茶比较粗老，这与古人偏重茶叶的药物疗效，也不无关系。唐代《食疗本草》说：“茗叶利大肠。”初唐之后，茶叶的采摘开始趋嫩。陈藏器《本草拾遗》证实："茶是茗嫩叶，捣成饼，并得火良。"

茶之为饮，发乎神农氏，闻于鲁周公。上古的神农，踏遍三山五岳，依靠自己神力无边的水晶肚子，遍尝百草。每当他的水晶肚子变色，他就知道自己中毒了，便立即采摘茶叶咀嚼解毒。这即是后世记载的"神农氏尝百草，日遇七十二毒，得茶而解"。

相传有一天，神农吃下了开着黄花的断肠草，瞬间肠断身亡。我没法去考证，神农在中毒后是没有找到茶树，还是他故意夸大了茶的药效，关键时刻反而害了自家性命。由此看出，对于任何事物，包括茶，都需要有清醒、理性的认知与评价。

从古时生嚼鲜叶，到秦汉煮作羹饮，茶一直处于粗放朴素的食用、调味和药用阶段。"自从陆羽生人间，人间相学事春茶。"唐代以后，随着蒸青制茶法的发明，茶青的采摘，才开始专注较嫩的芽茶，饮茶方式相对明确地进入了茗饮时代。

历代中医著作普遍认为：茶性苦寒或甘寒，能够调节心、肝、脾、肺、肾五脏的生理活动。2010年，曹俊英老师写《茶亦醉人何必酒》时，曾在电话里问我，茶应该如何定义才最恰当？我说，只能用"啜苦咽甘"四个字。在植物界中，唯有茶喝起来苦，回味却是甜的，这也是世人喜欢茶的主要原因。茶给予在困苦中奋斗的生命一个很重要的启示：就是苦尽甘会来的。所以，茶最契合人的内心深处。

如果从金、木、水、火、土的五行生克，来分析茶的属性，对茶可能会有更深入的理解。新茶属木，脾胃属土，木能克土，因此，饮茶过量就会伤胃，不得不慎。现代生化研究也进一步证实：抗氧化性越强的食物，往往对胃肠越不友好。从这个角度来讲，在自然界中，本来就不存在养胃的茗茶。

如果不明就里，简单地把绿、黄、白、黑、红、青六大茶类，按照五行、五色、五脏的归属，生搬硬套，主观地认为某种颜色的某种茶，可以补益某一脏器，这是典型的违背传统医学的胡乱联系。首先，我们应该清楚，六大茶类的分类，不是按照其外观颜色来划分的。它是根据茶青的加工方式，视儿茶素氧化程度的高低，分为六大基本茶类的。其次，六大茶类的茶性，与各种茶的酚类物质的氧化程度无关。其寒性的强弱，主要与工艺中的干燥、焙火程度正相关。因此，不论茶叶如何制作加工，茶的寒性本质不会改变、泯灭。茶对心、肝、脾、肺、肾五经的归属，不会发生任何变化，其药效和保健作用，也不会有太大的差别。

雨水

雨水始华胭脂红
玉兰花开春渐暖

樱花红时茶饮白
春日迟迟闲啜茶

雨水始华
胭脂红

读东坡的诗词，我手难释卷。无事闲诵一段："不如归去，做个闲人。对一张琴，一壶酒，一溪云。"茶亦醉人何必酒？捧一杯碧潭飘雪，暖手闻香，细品慢啜，神清气爽。碧潭飘雪茶，虽不属于传统的茉莉花茶，却极具空间美感。以杯为潭，展现出春茶一芽一叶的翠绿清影。澄碧的汤色中，飘着如雪的洁白茉莉花蕾，似碧潭飘雾，又如一竿修竹青绿枝叶上的落雪。

碧潭飘雪，是四川徐金华先生首创的。大暑左右的晴天午后，采摘含苞待放的茉莉鲜花，与高山上等的明前芽茶精工窨制而成。干茶绿中微黄，茶芽紧直匀整，布满银毫。雪白的茉莉花，朵朵散落在其间。品饮茶汤，滋味清淡，花香沁人。春尖的清爽，茉莉的香魂，久违地让人从身到心、享受着诗意与茶品的温馨。

碧潭飘雪的花与茶，并现在水中，赏心悦目，这点区别于传

统的茉莉花茶。传统茉莉花茶的窨制，一般先用新鲜的玉兰花，打底调香，以增加花香的层次感与鲜灵度，然后再用新鲜的茉莉花，数遍去熏窨干燥好的绿茶。窨花的过程比较诗意，下午两点左右，摘花取蕾，运回茶厂保养。待茉莉花猛烈吐芳的晚上，让茶美美地吸饱鲜花吐出的芬芳。等茶窨好后，从茶中筛分出花，另作他用。因此，在传统的高等级茉莉花茶中，是不允许存在花的。若是花瓣筛分不净，会增加茶汤的苦涩。

北方的雨水时令，树梢上仅萌透出一丝不易察觉的绿意。但在温暖的茶室内，我养的西府海棠树桩，却是占春颜色最风流。蕾吐胭脂，娇媚幽独。张爱玲说："人生有三恨，一恨《红楼梦》未完，二恨鲥鱼有刺，三恨海棠无香。"可见海棠在她心中的分量。我反倒觉得，《红楼梦》未完，正好给想象和回味留足了空间，算是留白吧。没有余味，何谈韵致？而海棠无香，恰恰又是海棠的特点，浅红并不妖艳，洁白而无伤感。天香国色辞脂粉，海棠美得已经足够。若再多了香，或是香得不够曼妙，都有可能近乎庸俗的。

我与晓东、玉晶诸人，海棠花下品饮去年的茉莉花茶。此茶用梅占的芽头窨制，茶中无花，松针一般挺拔的单芽，满披白毫，如银似雪。高温冲泡，水白清甜；茶汤入口，茉莉花香饱满轻灵。三水始，玉兰花的香气隐现。七水后，茶味清淡，茉莉花的气息仍存。也知造物有深意，茶共海棠花下人。

有人说，茉莉花的香气，会折了茶味，迷失了茶的本真，此论也不尽然。如从健康角度来看，茉莉花茶辛温发散，却是最适合春季品饮的茶类之一。春天是发陈的季节，肝气容易郁结，适量品饮茉莉花茶，浓郁的花香开窍，既能祛散冬天郁积在体内的寒气，又能促进人体阳气的升发，令人身清气爽。人老肝先衰，春气通于肝。春季养生贵在养肝，调畅情志，顺应春天生发之性。故《管子》说："凡之人生也，必以其欢。"

一个人没有缺点，也不会有太多的优点。有些缺点，其本身是优点的延伸。花色淡者香，这是生物进化的结果。海棠无香，却成就了它的潇洒富贵。花茶有香，反而具足了春天的味道。完美往往是一种束缚。当我们习惯了凡事追求完美，殊不知就像茶器的窑变，其缺憾，也是一种意犹未尽的有个性的美丽。

樱花红时
茶饮白

1982年的那桶政和茶厂的老贡眉，是杨军先生赠送的，我视若珍宝。马口铁桶的斑斑锈迹，娓娓诉说着老茶一路走来的风霜雪月。我撬开尘封的铁桶盖子，一股类野菊花的中草药香迎面扑来，总会忍不住贪婪地多吸几次。在这岁月所化的陈旧气息里，竟有些花香的清凉。干茶色泽已趋红褐，叶张呈不规则的碎片化，大部分为指甲盖的大小。清晰可见的芽头，银毫已经泛黄。老白茶珍贵难得，但贵不过沉甸甸的兄弟情谊。

好茶是用来品的。老茶再好，不去分享也没有任何意义。我与垂涎已久的好友约定，每次开启这桶贡眉，必须签字留念，作好记录。

今年的春天，似乎来得格外迟缓。我数次探香门前的那片樱花树林，只觉枝柯清寒，未见蓓蕾。一样花开为底迟?

期盼了许久之后，那片樱花在一个雨夜里忽然绽放，似锦嫣红，枝盈媚眼。莫负春光韶华，一场华丽的樱花茶会，在幽香淡淡的花影里酝酿。

无风的晴日，樱花树下，淡蓝色的席布，在草地上铺陈开来。红泥小火炉上，水已沸腾。茶烟缭绕中，樱花如霰，纷乱的花瓣飘落在茶席上，星星点点的粉红。我把30年陈期的政和贡眉，用斑竹茶则盛着，并小心翼翼地拨入梨形壶中，扣好壶盖，沸水淋壶。然后，重启壶盖，让老茶中可能存在的驳杂气味，受热蒸腾而散，如此就可省去洗茶的陈规。面对比较珍贵的老茶，我从内心是不舍得洗茶的。即便洗茶，又能洗去什么呢？

沸水冲瀹，茶一开汤，便是惊喜。汤色红艳如花，药香袭人，入口甜津津的绵滑。三水始，药香弥散，取而代之的是近乎秋梨的果香。五水后，延缓出汤时间，木质香与红枣香渐次呈现。白茶，曾经清颜若雪，是岁月让它褪去了青涩，是时光沧桑

了它的容颜，却也公平地使它内心丰盈，在水中气质如诗、烨若春华。

茶再浓，也会喝淡。蔌蔌衣巾落樱花，淡红的花瓣，散落在影青葵口杯中，一片、两片。如斯美景，类似苏轼词中的“蹋散芳英落酒卮”。一树樱花一树雨，淡黄茶汤里的娴花照影，如惊鸿掠波，那种古典的静美，令人沉醉。把盏嚼一嚼茶汤里的花瓣，竟也清香里携着微甜，姑且叫它“樱花茶”吧！

说起樱花茶，数年前我在大连时，日本的朋友曾送我一些。据他讲述，在烂漫的三月，有心人会把盛开的樱花趁鲜采摘，立即依古法用盐浸渍后，保存起来，做成樱花茶。等泡饮时，先洗去樱花茶的盐分，再用透明的玻璃杯子沸水冲泡。一度干涩的花瓣，瞬间会在杯中花开若鲜、香气幽淡，恍若自己又徜徉于樱花树下。此时此刻，感受着樱花清雅柔美的气息，啜饮的动作，不由得会下意识放慢，真怕把口里的花瓣嚼烂。

茶会结束，意犹未尽。山樱花开如雪，花落如雨。开与落，都是瞬间的决绝。昨日茶白如雪，今夕水颜如花；挽留不住的时光，在蹉跎中嫣红了茶。春风才起雪吹香，赏红樱，一朝春尽；品白茶，似水流年。

“昨日雪如花，今日花如雪。山樱如美人，红颜易消歇。”如花美眷，岁月竟芳；茶与花境，令人唏嘘。人生许多滋味，尽在茗碗炉烟，欲说还休。

玉兰花开
春渐暖

凤凰单丛，是乌龙茶家族里的高香茶。馥郁高扬的芬芳，疏肝解郁，很适合在春天里品饮。

说起凤凰单丛，早期的北方人比较陌生，它主产于广东省潮安县的凤凰山脉。凤凰山是畲族的发源地，而畲族人以种植乌龙茶闻名，其植茶历史可谓源远流长。传说南宋末年的小皇帝赵昺，南逃途经乌崇山，口渴难忍，侍从便从山上采摘茶叶，让小皇帝嚼食，茶的生津止渴功效，令赵昺精神倍爽，故赐名为“宋茶”。宋茶又叫宋种，韵味独特的宋种，代表了单丛茶的较高品质。

单丛茶的魅力暂且不说，看看这些未列全的茶名，已足以使人心向往之了。黄枝香、兰花香、杏仁香、桃仁香、桂花香、通天香、玉兰香、柚花香、姜花香、夜来香、东方红等等，令人目不暇接。涉茶不深的朋友，乍看一定会说，这哪里是茶呀！简直是“东风先遣百花开”。

为了解凤凰单丛，2007年的冬天，我第一次登上了盛产单丛茶的凤凰山。在叶汉钟和黄柏梓先生的陪同下，拜谒了凤凰山唯一一株李氏先祖选育的黄栀香宋茶。

单丛茶花香优雅，滋味浓长，尤其是在谷雨与立夏前后制作的玉兰香。晚熟的茶种，普遍醇厚鲜爽、清幽馥郁。有个女性朋友，嗜饮茶，对单丛的玉兰香，却是情有独钟。熟识后她告诉我其中的缘由。在玉兰花盛开的春天，在杭州求学的她，遭逢了一场刻骨铭心的初恋。之前的她并不爱茶，偶尔在一次茶会上，当她品到玉兰花香的单丛时，便从此不能自拔。吹兰芬馥，芳情相思；爱屋及乌，柔远能近。这哪里是在喝茶？分明是对青春的一段追忆。

雨水时令，是玉兰花开的季节。清代《佩文斋广群芳谱》记载：“玉兰花九瓣，色白微碧，香味似兰，故名。”我喜欢玉兰的洁白高雅及小枝带绿的乖巧，一树树的花开，形似春笋出露，开得干净透明。冷艳孤高的花瓣张合着，依稀是花开的声音。身临其境，能让人把起起落落的思绪，跌宕在玉兰花的暗香里。

春风乍起魂飘荡，高枝朵朵情无限。干净清美的东西，容易打动人的心灵。最美的，不是春天里花开的绚丽，而是经年以后，还能被淡淡地念起。真想不到，我视之为平常的单丛茶，还能使人品出初恋的滋味。

一提到茶，我便开始心仪江南了。喜欢江南的竹楼深巷、烟雨杏花，更期待隐隐青山里的茶笋早点萌发。快惊蛰了，身未动，心已远。江南春好，妒花天气；山温水软，韶光满野。打点行装，准备深山问茶去。

春日迟迟
闲啜茶

故岁无多雪，这个冬天过得有点漫长，凝霜的心解冻得晚。再过几天，就是惊蛰了，室外仍透着清寒。

沐手焚香，布席插花，迎接素心、清如来店吃茶。用建水紫陶小壶，瀹泡我在南方存储的普洱熟茶。真没想到，历经数年的陈化，这批七级料的熟茶，好喝得让人惊喜。对冲我在济南储存的同一批次熟茶发现：北方存的茶，厚滑稍欠，但甘甜胜之。浓郁的米饭香里，多了清润的稻花香。环境温度、湿度的差异，使之各具特色。五年前，我曾寄予厚望的焦糖香气，能如期转化成甜醇的熟米饭香，从而让我坚定了做好茶、存好茶的信心。三岁看大，七岁看老。起初工粗低劣的茶，不管如何强调存放，未来不可能有太多期待。只有品质优良、汤厚水滑的茶，待青涩褪去，蝴蝶破茧，满盏皆是无边春色。

素心抚琴《双鹤听泉》，犹如置身空山，涧流清韵；鹤舞翩翩，尘嚣顿息。等清如居士再抚《石上流泉》，我开始瀹泡熟茶

“兰隐”。泠泠七弦，茶香漫漫，兰隐汤厚香幽。带汤热嗅，难得的荷香淡淡。杯底花香清逸，冷后蜜香、果香兼而有之。

一款普洱熟茶，杯底少见浓郁的花蜜香与果香。从我多年行走茶山以及对数款熟茶的反复品鉴中，能够大致判断：值得存储与期待的熟茶，初期茶汤必具厚重的焦糖香气，若能呈蜜糖香，则更胜一筹。标征熟茶内质优劣与否的焦糖香气，是普洱熟茶向甜、厚、滑、醇转化的基础条件。长江以北存储的茶，香高水甜；南方存储的茶，香气稍弱，汤偏厚滑。可见，在每个地域存储的茶，在转化中都带有自己的特点。只要存储不受潮、不发霉，独具风格、变幻多样的茶，都会为我们的生活，增添多种气息与滋味。不要轻言某方不能存茶，有颗大气包容的心，是茶的造化，也是我们的清福。

茶品的是静、清和雅，琴弹的是清、静、淡、远。记得去年在赵家珍老师家里喝茶时，我曾说过：中国的传统文化，无论是琴、棋、书、画、诗、酒、茶，还是莳花、焚香，其精髓是一脉相承的。有长者之风的赵老师深以为然。

清如抚琴《石上流泉》，有板有眼，出神入化。“明月松间照，清泉石上流”的意境，让我如痴如醉。关于这首古琴曲，在茶聚时，我多次听张良杰说起过。对古琴造诣颇深的良杰曾说：“初闻古琴大师詹澄秋先生的《石上流泉》时，发现其中一段所用的指法基本是虚掩，呈现的下滑音曾误以为是噪音。等他独自

行走在初冬的山涧时，瞬间醍醐灌顶，恍然大悟。原来，詹先生表现的是北方的初冬时节，泠泠的寒泉从岩石的缝隙里渗出，飞溅到生满青苔的岩石上，又缓缓流下来的声音。”在詹先生的心里，抚琴已不完全是纯粹的音乐，它是对厚实人生的感悟及山水情结的表达。

古琴需要山水情怀，制茶、品茶又何尝不是呢？高山云雾出好茶。好茶也总是栖名山而居，择秀水为邻。王安石在游记中说：“世之奇伟瑰怪、非常之观，常在于险远，而人之所罕至焉，故非有志者不能至也。”碧山秀水、绝佳生态、精心制作、施以工巧，才能酝酿出上等佳茗。不究茶之指归，不历经险远，也难以寻觅到健康、适口的好茶。

惊蛰

惊蛰过后茶脱壳　一树梨花一溪月
春分滇西岁知味　石头寨里罐罐茶

惊蛰过后
茶脱壳

茶谚有云："万物长，惊蛰过，茶脱壳。""茶脱壳"，说的是春回大地、万物复苏后，当自然界的气温超过10℃，在山涧的茶树上，保护和孕育越冬茶芽的鳞片，便逐渐张开、剥离。当茶芽的这层保护伞完全蜕掉之后，其生长、发育便如雨后春笋，开始变得无拘无束。自此，蛰伏蓄势了一冬的春茶，便憋足了劲儿，迫不及待地、吐露着新绿。

假如时光能够穿越到宋代，我会来到武夷山，看惊蛰喊山、催茶发芽的热闹景象。有史料记载："前朝着令，每岁惊蛰日，有司为文致祭，祭毕鸣金击鼓，台上扬声同喊曰：'茶发芽'。喊山者，每当仲春惊蛰日，县官谐茶场，致祭毕，隶卒鸣金击鼓，同声喊曰：'茶发芽'。"宋人赵汝砺在《北苑别录》写道："春虫震蛰，千夫雷动，一时之盛，诚为伟观。"欧阳修《和梅公仪尝茶》诗云："溪山击鼓助雷惊，逗晓灵芽发翠茎。"

茶脱壳

“茶发芽！茶发芽！”此时喊出的茶芽，称之为社前茶（立春后的第五个戊日祭祀土神，称为春社日，大约在春分前后）。它比珍贵的明前茶早了一个节气。社前茶，古时主要用于贡茶，像唐代的顾渚紫笋，宋代的建宁腊茶等。

夜闻击鼓满山谷，千人助叫声喊呀。传说在惊蛰这一天，茶农虔诚庄严地击鼓喊山，惊动了天庭上负责管理玉帝仙茶园的老金龟。老金龟顺着喊声，从南天门向武夷山下打望，见众人祭祀山茶，对茶树顶礼膜拜，便心生烦恼，喃喃自语道：“我修行千年，仅落得在茶园除草浇水，尚不如人间的一株茶尊贵。”于是，它一气之下，纵身跳进牛栏坑的杜葛寨，化作了名丛水金龟。因此，有人说惊蛰是水金龟的生日，不无道理。

由此可知，位列武夷岩茶四大名丛的水金龟，的确是仙风道骨，出身不凡。水金龟条索紧结，色泽油润，泛着宝光。香气幽长清远，有梅花气韵。滋味甘活柔顺，是一剂味美耐品的龟灵汤。

在武夷山牛栏坑的石壁上，镌刻的“不可思议”四字，讲的本是水金龟母树的民国官司，而非肉桂。我喜欢水金龟的汤柔水滑、齿颊留芳以及天生的清高。凝望着水金龟的茶汤，我有时在想，是茶绯红了水，还是水绽放了茶？真的有些不可思议，在茶与水之间，到底谁是谁的春天？

《黄帝内经》认为：春天应“夜卧早起，广步于庭，被发缓形，以使志生”。春天阳气刚刚萌动，要学会自我放松，保持心情舒畅，以养肝气，不能像老金龟那样意气用事。惊蛰过后，应顺乎阳气升发、万物始生的特点，保持自己的精神、情志、气血，如春天般舒展畅达、生机盎然。喝茶也需顺时应势，养活一团春意思。喝好茶，少喝茶，喝淡茶，方益于身心。

春季饮茶，应首选香高的茶类，芳香醒脾，理气解郁，如凤凰单丛、品质良好的茉莉花茶等。身体虚寒者，应以普洱熟茶、正山小种红茶、焙火到位的武夷岩茶为主，以驱散沉积在体内的冬之寒气。对即将上市的绿茶，不可盲目追新。新茶寒火并重，宜存放一个月或等立夏后，待新茶寒缓火退，再喝也不迟。

在二十四节气中，惊蛰和霜降是两个颇具动感的节气，这很像我们的人生。惊蛰伊始，刚脱壳的茶芽，似呱呱落地的婴儿。春生夏长。到了霜降，一夜间，白了少年头，便平添了许多离绪别愁。冉冉岁将宴，物皆复本源。霜降后的茶开始变甜，但已是别具药效的“老茶婆”了。

一树梨花
一溪月

无上清凉茶会是由云南茶人发起的、纯公益的茶事美学活动。从苦夏到清秋，由寒冬至阳春，从云南开始，轻煎流水，蔓延他方，一期一会，风雅之至。

2010年深冬，我在武夷问茶，错过了“冬养藏”的云南雅集。2011年初春，应迎新之邀，我约晨歌、素心、一鸣，飞奔云南大理的洱源县，在古木参天的梨花岛，参与了无上清凉“醉东风”的云茶会。

迎新多次和我提起过梨花岛，那可是一处有着数百年历史的世外梨园。梨花岛的背后三面环山，正南面朝向茈碧湖。进出往来梨花岛，只能依靠船只，在一汪碧水的茈碧湖里往复摆渡。茈碧湖里，不仅存有濒临绝迹的桃花水母，还有珍贵罕见的茈碧花。在这块神奇的土地上，还走出了孔雀公主杨丽萍。听迎新说，岛上世代居住的有一百多户人家，五百年以上的老梨树有数百株，等梨花盛开的时候，白云般的梨花簇拥着的岛上的村庄，

活脱脱就是一个懒云窝。懒云窝，碧云深处路难寻，数椽茅屋和云赁。

梨花岛，曾是与世隔绝的世外桃源。传说元代时，西夏党项贵族的一支，在西夏王国被蒙古军队灭亡之前，悄悄安排家眷外逃，选定了这处“桃花源内可耕田”的风水宝地，埋名隐姓，以避战争之乱。

渡过茈碧湖，我走进了数百年的梨园。但见粗大的梨树，笼盖四野，枝柯交错，尽成连理。枝头的花蕾，星星点点。睹此有些失望，何处觅我席间清供的一枝梨花？我笑对晨歌说，山中清冷花开迟，我们还是来早了。不料次日，一夜春暖，风摇芳林，梨树幸得湖近水，花开半时，疏朗秀润的恰到好处。

第二天的梨花树下，“醉东风”茶会如期举行。远道无轻载。花供的彩漆铜胆瓶，是我随身带来的。茶席上的影青高足盏、玲珑梅花茶罐，是从一水间借的。煮水器、泡茶器等，是昆明的雪郦赞助的。我在邻近的断墙中，捡到一方苔痕青绿的古砖，作为壶承。从墙角的幽篁丛中，觅得竹鞭一枝，便是茶则了。近取诸身，远取诸物。在湛蓝的手织麻布上，布茶席“一树梨花一溪月”，以助清兴。

秉持澄澈的茶心，在梨花岛春日的茅棚下，我与诸友细品了三款云茶。微风过处，花香阵阵。善念起时，梨花深处醉东风。天助芳会，茶香氤氲。

“一树梨花一溪月”，诗出唐代无名氏的《杂诗》。“旧山虽在不关身，且向长安过暮春。一树梨花一溪月，不知今夜属何人。”茶熟香温，盏影梨花。醉东风，也醉了我，的确“不知今夜属何人”。

在梨花岛布席吃茶，直到月痕盈窗方散。溪月梨花，青瓷盏茶。明净清寒，空蒙优美。梨花院落溶溶月，属于今夜吃茶人。梨花月下照影，倒映溪中。梨花淡白，圆月流华，人被浸润得性情如月、魂灵似花。

关于茶席的设计，迎新问我，月在何处？我说：千江有水千江月。人在大理，茶在洱海，风花雪月，月印我心啊！其实，舀一瓢洱海的水，煮水瀹茶，苍山雪印洱海月，已融化在柔软的茶汤里了，谁又分得清苍山的千年雪水与万古的溶溶月色？梨树随风飘摇如雪花瓣，随意驻留在溪水般的蓝色席布上，多么像湛蓝夜空中的那轮明月。

我最受感动的是梨花岛的早餐。清晨，花落如雪。当我们一行七人，在梨园深处的村边散步，古道热肠的村民，主动邀我们进院吃饭，像熟识的朋友一样亲切自然。饭毕，不但拒绝收钱，还为大家每人煮了一碗刚挤的新鲜牛奶。在返回住处的蜿蜒小路上，我们踏花而行。桃花、梨花、木瓜花，暗香浮动；浓重的牛粪味道，弥漫其间。我忍不住对同行的清欢说："读书烹茶，倒是清致，然而能够真正净化心灵的，还是内心升起的那种真挚与感动。牛粪的腥臊，此刻有点亲切，这曾是远离我们生活的烟火气息。"

春分滇西
岁知味

梨花岛茶会结束后，我们一行五人，随解方兄到丽江的秋月堂吃茶。解方做茶严谨，在秋月堂喝到的每一款茶，都规规矩矩，偏于柔和，如解兄所说："茶汤里，隐隐会带着丽江慢生活的味道。"丽江或许太慵懒了，让人心甘情愿地花费大把时间，把内心的柔软和情绪，浸泡在或苦或甘的茶汤里。

丽江的夜晚太闹，好像不适合暮气沉沉的我。茶足饭饱后，我们去了柳暗波萦的束河，住在古色生辉、临水而居的正福草堂。

束河幽静的晚上，月明当空，美得有些寂寥。在溶溶的月色下，远眺玉龙雪山，山顶的千秋积雪，辉映在风清月白里，让人心生清凉。夜阑更深，每个人都不忍入睡。正福草堂的竹木回廊下，我与清欢、晨歌、一鸣兄，轻涛松下烹溪月，含露梅边煮岭云。几款陈年乌龙，一款去年的铁罗汉，吃得濡滑生津，微汗涔涔。

吃茶期间，彼此热论着关于茶席的相关话题。我认为：吃茶的美学空间，就是广义的茶席。习茶人通过这一方窄窄的泡茶平面，在无边的光影与花香中，把茶的精微和万千心事泡出，知性而美好地与大家分享，就算是“此中有真意”了。茶席存在的意义，是为诠释当下所要品饮的茶的内蕴。茶汤的香气、汤色、滋味、气韵，是一席茶的灵魂。构成茶席的器皿，没有高低贵贱之分，只有适与不适之别，不以物使，不为物役。再美再贵重的茶器，也是用来衬托茶、服务于茶的，不可喧宾夺主。茶席严谨的仪轨，有存在的必要，但不能因此影响了品茶的自在和愉悦。失却温润，反添人怨。合于法度的礼仪，并非刻意与作秀，主要为训练我们，从内心升起久违的庄重与仪式感，进而对茶、对人生、对自然万物，建立起必要的敬畏与谦卑。

第二天，行至泸沽湖，同行的小友有些着急地说：“静老师，寒木春早，山中茶已发芽，别耽误了去勐海做茶。”我笑着说：“心急吃不得热粘粥。吃茶问茶，就是要让心慢下来。茶的底蕴与文化，不就是万里征途上的风花雪月、风土人情的心游目览吗？”心随流水去，身与风云闲。资深茶友清欢，在尺八吹奏的幽怨哀婉中，停了一停，笑了一笑，懂了我。好茶要到节气，寻茶需要缘分。只要诚心去做，哪里有早有晚？还是要沉下来，让心、让灵魂慢慢跟上问茶的脚步。

晨曦中的泸沽湖，水湛蓝得像块宝石。摩梭女宾玛划着猪槽

船，陪我去湖中看日出。泸沽湖的晨曦，宁静安详而又变化莫测。光影的绚烂，每一刻皆是不同。缤纷的光芒和多重的湖山色彩，总能让人若有所思。太阳一露头，登时霞光万道，涟漪五彩。曙光初照，粼粼波光中，宾玛逆光中划船的剪影，让人感觉烂漫而又凛然不可侵犯。我沉默地望着泸沽湖远山近水的苍茫，宾玛突然略带忧伤地说："我们这辈人，都喜欢现代的时尚，过去本民族的许多物件、饰品，在身边已经渐渐看不到了。我少年时代祖母曾讲过的传说，现在的年轻人已经很难听懂。我甚至已找不到合适的词汇，去准确表达那些遥远的故事了。"的确如此，古老的摩梭语言，正随着传统生活物品的消失而不断消亡着。

文化的衰微，源于民族的不自信。"邪气所凑，其气必虚。"讲的就是此理。听着宾玛的诉说，我感觉自己，像是在里格岛上那盏浸泡许久、忘记出汤的老曼娥苦茶，一饮而下，如鲠在喉，苦涩得久久化不开。

石头寨里
罐罐茶

含情别故侣，花月惜春分。勐海地区进入最忙的茶季，我告别同行的诸友，从丽江飞至西双版纳的景洪。

老五来景洪接我，开车一起上南糯山。若从字义上猜想“南糯”两字，南糯山的茶应该是糯糯的、柔柔的。这纯属巧合，南糯山的茶确实是柔的，刚柔相济，清甜芳香，略有涩底。其实，“南糯”这个词，在傣语里是“笋酱”的意思。

南糯山茶区，位于景洪和勐海的交界处，隔流沙河与勐宋茶山对望，自古就是澜沧江下游最著名的古茶山之一，目前仍保留着一千多公顷的古老茶园，其中拔玛寨和半坡老寨的大树茶，就是山上品质最优秀的茶。帕莎古寨过去属于南糯山，近年来凭借其硬朗韵足，已独步天下。

上山的路，幽深曲折。跃上葱茏四百旋。从山下到山顶老五的家，大约有半个小时的车程。老五家的木楼，在白云生处的石头寨上。我站在木楼门口，能够俯瞰南糯山郁郁葱葱的秀

云南勐海茶寨

美茶园。

爱伲族木楼里的火塘，常年不会熄灭。火塘是一家人生活的中心，夏天用来烧水做饭，冬天用于烘烤取暖。尽管和老五熟识，他却一直把我当客人招待。我们坐在火塘边，老五抓一把头春的晒青毛茶，丢到土黄色的罐罐内，放到火灰上炙烤。边烤边上下左右不停地抖动着，待茶叶被烤得微黄，飘出浓郁的焦糖香。这才把吊在火塘上的、被熏烤得黝黑的铁壶里的沸水，嗞的一声沏入罐内。霎时间热浪滚滚，茶香四溢。老五分茶时热情地说："这就是我们的罐罐茶，有的地方也叫雷鸣茶。关于罐罐茶，过去有个谜语是这样讲的：家里有个小乌龟，客人来了就钻灰。红煎飘香雷鸣催，敬饮客人连称美。"第一道罐罐茶，汤色红浓，醇酽得像苦涩的中药汤。两三道后，清香苦凉。其后慢慢变得甜润淡薄。

罐罐茶的饮法，与《茶经》引用《广雅》的记述近似，"欲煮茗饮，先炙，令赤色，捣末置瓷器中，以汤浇覆之。"可见，南糯山的罐罐茶，是一种原汁原味的历史遗存。罐罐茶，先苦后甜，是生活方式，也是精神的慰藉。它让生活在偏远山区，曾经贫穷清苦的山民，从茶中能感受到明天的美好。善饮苦茶，啜苦咽甘，苦中作乐，是人生的修行之道。苦茶如药，能让人受用一生。当下的茶农富了，罐罐茶依然在传统的火塘上吱吱作响。再饮，已是离不开的生活习惯，也算忆苦思甜了。

南糯山的茶，浓浓地饮，茶汤饱满，生津尤好，回甘明显。我在半坡老寨的古茶园，蹒跚穿行了一个下午，当舌根的苦涩完全退去，口腔唇齿间，是满满生津的甜。

南糯山，又叫孔明山。传说三国时诸葛亮率军南征，经过南糯山时，士兵水土不服生了眼疾，诸葛亮便把随身的手杖插地化为茶树，士兵摘叶煮水，饮之即愈。关于茶的诸如此类的传说，很多编得过于幼稚低俗。尽管如此，它并不影响南糯山悠久的种茶历史，至少可以追溯到一千多年前的南昭时期。那时，布朗族的先民还在此种茶，后来他们迁离南糯山，遗留的茶山被爱伲人继承至今。

在古树参天的半坡老寨，婀娜多姿的栽培型古茶园里，还有一棵传说数百岁的茶王树，似盘龙虬曲，生机勃勃地屹立在山坡上。它年复一年地发芽、开花、结果，见证着古老茶山的这段历史。

春分

攸乐易武问茶忙 布朗山茶味最酽

景迈茶有花蜜香 昔归冰岛各有韵

攸乐易武
问茶忙

清代，是攸乐山制茶历史上最兴盛的时期。檀萃在《滇海虞衡志》中，把攸乐山列为古六大茶山之首，可以想象攸乐山曾经的繁荣与辉煌。攸乐山的茶与易武相比，香气弥高，偏于苦涩，可能与高比例的紫茶混生相关。我更喜欢易武茶的甜柔韵深。

攸乐山的茶，枝繁芽肥。它之所以被列入贡茶，大概与清代攸乐山的植被丰茂、降水丰沛以及红色的酸性土壤有关。阮福的《普洱茶记》认为：古六大茶山的茶，其气韵和滋味，皆因土性之异而不同。生于红壤或土杂石中的，品质最佳。

攸乐山现改名基诺山，世代是基诺族的居住地。近几年茶质下降的主要原因：一方面，当地烧山砍林破坏生态，种植了大量的漆树。另一方面，基诺族一直保持着原始的刀耕火种习惯，近百年来，烧山开荒种粮，毁坏了大批的优质古茶园。我在基诺山最大的古茶园亚诺村发现，许多数百年的古茶树，普遍存在矮化砍伐和用火焚烧后重新萌发的痕迹。在一围粗1米左右的老树

桩上，分布着大大小小的树疙瘩，上面即使覆满翠绿的蕨类和苔藓，也遮不住古茶树遍体鳞伤的过往与沧桑。

曾经的基诺族以茶为生，至今仍遗存着诸多茶文化的原始痕迹。基诺语称茶为“啦博”，“啦”是依靠，“博”是芽叶，其意是赖以生存的芽叶。在攸乐山，还能看到古老的凉拌茶、火燎鲜茶、包烧茶、竹筒茶、铁锅蒸茶、原始茶膏的制作等等。

我们常说的“吃茶”，可能来源于基诺人的凉拌茶吃法。我第一次去攸乐山，就吃到了苦涩麻辣的凉拌茶。紫切为了招待我，让他妹妹去茶园采来茶树的嫩梢。他用手先把嫩茶揉搓变软，然后把新鲜的黄果叶、辣椒和大蒜切碎，在碗里再加适量的盐巴与泉水搅拌即成。凉拌茶，对食辣的朋友来说，确实是下酒佐饭的清爽美味。

攸乐人用嫩甜竹烤制的竹筒茶，清热解暑，茶里泛着竹沥的清香。颜色乌润的传统茶膏，古来醒酒第一，是基诺人津津乐道的草木精华。这里特有的火烧茶，让我眼界大开，它类似竹筒茶的做法。基诺人先用“冬叶”，把新鲜的茶叶包裹起来，放到炭火上烧烤，直到外层的“冬叶”被烤干后，取出里面散发着清香的茶叶，再煮饮即可。

原始的火烧茶，祛除了茶的寒性，降低了茶的苦涩度，增加了茶的香气与耐泡度，为我野外寻茶、鉴茶，提供了直观便捷的评茶方式。

春在枝头已十分。岩文兄陪我到易武时，已是春分时令。易武的春天，来得比江南早。它没有江南的浅黛春山，也没有江南的杏花春雨，单单那条乱石铺就、通往茶山的颠簸马路，已经让我感受到易武的粗犷与悠久了。

提起普洱茶，易武是一段无法绕开的历史。清朝道光年间，在倚邦、莽枝等茶山逐渐衰退之际，易武茶山却迅速崛起，成为主要的茶叶集散地、生产地与茶马古道的源头，从而开创了普洱茶的易武时代。

易武茶的内质浑厚细腻，花蜜香浓。入口清甜，苦涩度低，与其揉捻偏轻不无关系。干茶梗长叶厚，条索黑白相间，像条条

油润的美女蛇。傣语里的易武，就有美女蛇居住地之意。这仅仅是巧合吗？难怪易武茶如此勾魂，茶汤隽永得甚至动人魂魄。

在小车家品的那泡刮风寨，至今记忆犹新。茶汤入口轻盈粘稠，清甜饱满，香气沉稳，蜜韵十足。三水后，竟然出现罕见的脂粉香。细腻柔滑的汤水，喉韵深长。那种难言的清贵风韵，让我感觉“班章为王，易武为后”的说法，确有几分道理。易武茶里，有雍容含蓄的贵气，有绵绵不绝的柔情，令人不自觉的“半缘修道半缘君”。

夕阳西下，我踯躅在老街的石板路上，遥想着易武当年茶香中的繁华。光滑的青石板上，树影斑驳，掩映着清晰深凹的马蹄印迹，似有空谷遗音，踢踏声响。触景生情，不禁令人遥想：百年前的马蹄声中，大队的马帮常年风尘仆仆，奔波于此。在“鸡声茅店月”的霜雪中，把茶与梦想运出大山；在残阳如血的暮色里，把生活用品和红尘外的传说带回古镇。熙熙攘攘，利来利往。山林里苍老的古茶树，荒野中残缺的旧石碑，老街上鳞次栉比的旧木房，是尚能触摸到的繁华与凋敝的痕迹。这种依旧温暖的见证与力量，让轮回中的茶与人，再一次在历史的茶马古道上，有信心从冷寂走向辉煌。

布朗山茶
味最酽

勐海的春天特别干燥。我在曼弄的寨子里住了三天，在凤尾竹摇曳的竹楼里，天天喝茶辩茶，还是免不了口干舌燥。

找个不风不雨的天气，老曼娥的岩宽开车来到勐海，接我去布朗山。一路南行，穿越象山和辽阔的勐混坝子，布朗山依稀在望。车经广别、贺开、班盆古寨，数百年的古茶园比比皆是。山路崎岖蜿蜒，黄沙漫漫，峰回路转，颠簸惊险。一路风尘中，到达老班章。我早已是尘满面，鬓如霜，狼狈不堪。清理下口鼻里吸进的黄沙土，洗脸净手，在村长三爬的饭馆内，吃顿哈尼族的农家饭。

饭后，走进老班章的古茶园。郁郁葱葱的茶园里，林中有茶，茶中有林，浓荫蔽日，气息清爽。大部分古茶树，遒劲挺拔，枝叶浓绿，叶片肥厚宽大，芽尖茸毛密亮。我忍不住咀嚼几粒毫白肥大的茶芽，微苦清香，口咽顿生丝丝的凉意与不尽的回甘。

岩宽告诉我，班章村委会包括老班章、新班章、老曼娥等九个自然村落。老班章是个哈尼族村，迁到布朗山建寨的历史，大概有两百多年。大多数百年左右的茶树，都是哈尼族人亲植的。那些超过两百年的古树，相传是布朗人在这里种植的。我认同岩宽的说法。早先听村里的娜仁说过，老班章寨最早是布朗族的居处，他们搬走后，把这片古茶园留给了哈尼族人。为了感谢布朗兄弟的前人栽树，过去的哈尼人在新年杀了牛，都要送些牛肉表示感恩。

下午三点，我和岩宽离开班章村。经过新班章，一路崎岖，天黑前到达老曼娥。一天的疲惫，让我甚至失去了吃饭的欲望。

相比老班章，我更喜欢老曼娥的原始古朴。2000年前，老班章的茶，藏在深闺无人知。当时的国营茶厂，是按照等级收购

过去的老班章村寨

散茶的，老班章的茶因芽头太大、白毫过多，不好拼配成茶。因此，班章茶几乎无人乐意收购，而且价格低廉。2007年后，老班章的霸气刚劲个性，被充分挖掘出来，从此茶价像坐上了飞机，逐年飞涨。自那时起，财大气粗的老班章人，家家户户开始了造楼运动，大面积拆除了与环境颇为协调的旧房，百年养成的气息风貌，就此走向消亡。

老曼娥，是布朗山最大最古老的村寨。据寨里佛寺的石碑记载，其建寨历史，至今已有1369年。古村寨被一片青翠苍郁的森林包绕覆盖着，古茶树高大玉立在寨边的莽莽山林里。村寨里，有我喜欢的茶香、菌花香混合的古老气息，质朴而清新，一如这个勤劳嗜茶又特别会种茶的古老民族。

老班章的茶，固然好喝，我因欣赏老曼娥的原始气息，从心里更亲近老曼娥的古茶。

老班章的茶，多属于甜茶。叶片相对细长，柔韧厚实，颜色均一，毫毛明显。它的香，富有山野之气而幽幽的不太张扬。茶汤清亮通透，入口微苦，苦后即化，滋味丰富，口感协调、喉中隐凉。十余水后，有冰糖般的清甜，因此有“涩尽七分香，苦退十日甜”的美誉。

老曼娥的茶，多属于苦茶。肥厚壮实的条索，蕴含了原始森林自然清劲的野性。厚实浓烈的茶汤滋味，苦重绵长的高扬香气，让人过口难忘。苦，是香气的骨架。没有苦，哪来的香？老曼娥的苦，隐在香里，苦不挂喉，也不会残留口腔。当香里的苦慢慢消尽，特有的清凉生津的甜，会滔滔不绝地袭来，苦甘缠绵的让人回味无尽。梅花香自苦寒来。老曼娥的苦寒，厚重得足以耐住光阴的剥蚀。待苦稍退，定如梅花，其香如故。正如宋人词云：“仅梅花知苦，香来接。”

如果有人问我，哪里的普洱茶好？我的回答一定是布朗山，其味最酽。老班章质重味厚，老曼娥桀骜不驯，同样是英雄风骨，一样的王者气度。

连绵起伏的布朗山，一株株表征沧桑岁月的古茶树，诉说着布朗族先民“濮人”久远的种茶历史。传说布朗的始祖名叫叭岩冷，他在临终前留下遗言：“我留牛马给你们，怕它们遇到灾难就死掉。我留金银财宝给你们，怕它们不够你们用。我留茶叶给你们，子子孙孙会世用不尽。” 从此，布朗族人谨遵古训，哪里有好茶，他们就在那里建寨；在哪里建寨，他们就在那里种茶。

布朗始祖的千年遗言，充满着鲜活的哲理，启迪我们重新思考财富的定义。富贵传家，不过三代。而布朗山生生不息的古茶树，冬去春来间，潜滋暗长的叶芽，如今早已胜过了摇钱树。

布朗山的茶，苦重气沉，阳刚霸气。易武的茶，清甜饱满，阴柔细腻。一阴一阳，如同普洱茶帝国的一王一后，演绎出七彩云南的风情万种。这阴阳相生的高标逸韵，难道就是普洱茶中的“道”吗？

景迈茶有花蜜香

景迈的古树茶，素以花蜜香闻名。它的香，偏甜腻妖艳。有段时间，我曾把景迈茶称之为女士茶。

大概因为景迈茶的花蜜香浓，所以，爱茶人常把景迈茶列在班章、易武之后。景迈茶清甜，花香直白高雅，故景迈茶屈居为妃。班章阳刚霸气，有王者之象；易武清柔绵厚，有皇后之风。在它们面前，香气渗到骨子里的景迈茶，稍显轻薄，为妃也不冤枉。不过，这妃子可是肌肤如雪、迷人的香妃。《还珠格格》里这样描述香妃：“远望，一颦一笑，勾魂摄魄。走近，香泽扑鼻，令人心醉。”

我从内心真正接受景迈茶，始于今年的谷雨之后。在九华山品过砚田兄的十年景迈青砖，在版纳品过何仕华1999年的景迈饼茶。那种悠然清寂的兰花香，彻底改变了我对景迈茶的看法。

九华山甘露寺茶会的前夜，细雨纤纤，雨打芭蕉。我与西安的闲影、云南的李东诸友，一起在禅房喝茶。砚田兄因飞机晚点，匆匆赶到甘露寺时，已是夜阑更深。他一进门，便递给我一块普洱生砖，当时炉火正沸，随意撬了一块丢在银壶煮瀹，不时“芳气满闲轩”，香飘风外别，引得未睡的茶友纷纷跑来讨茶喝。细滑稠厚的茶汤，可能与煮有关。茶气充盈、滋味饱满，甜甜的兰花香过喉冲鼻。忘了当时是谁说的：如此的清香扑鼻，会把熟睡的蜜蜂惊醒。

何仕华的1999年景迈生饼，是我从攸乐山回到勐海后，濮子兄瀹泡的，当时还有河南广播电台的崔老师等。这款在勐海存储了二十多年的茶，饼面油润，芽头金黄。盖碗冲瀹，汤色艳若榴红，清甜无涩，香似空谷幽兰，清纯飘逸。茶汤呈柔滑的米汤感，其柔和细腻如昔归忙麓，温婉敦厚又有点像易武。

山场好、品质佳的普洱茶，如果杀青、晒青工艺到位，汤色杏黄明亮，茶气刚猛，滋味厚重，喉韵深长，杯底有浓郁的花果冷香，后期的转化，都非常值得期待。品质上佳的好茶，短期内地域特征可能明显，后期不会有太大的差别。不要误以为贵的一定就好，贵的是人心，是迷惘。就如这款景迈茶，只要有人珍惜牵念，敢于沉寂多年，等青涩退去，华枝春满，“妃”与“后”，又有多大悬殊呢?

有人说，景迈茶特有的花蜜香，是万亩古茶园里的茶树，与多种野生植物在和谐共存的原始生态中，由蜜蜂、昆虫等异花传粉所致的。当我徜徉在古茶园的蓝天白云下，深吸几口暗香流动

的药香、花香气息，感受着绿地上绵绵蒸腾出的新鲜地气时，我意识里虽然相信了，但是，理性告诉我，这根本不符合常识。

我是在雨水节气前，到达景迈的。从勐海出发，在旖旎的亚热带雨林风光中，穿山越岭，经过三个小时的车程，到达位于思茅和景洪交界处的惠民乡。茫茫云海的青山下，一座座《芦笙恋歌》里唱到的竹楼，掩映在古茶树的绿色中。离景迈大寨九公里处，便是芒景寨子。越过一段段由弹石路连成一片的茶林，就来到了云南规模最大、保存最完好的景迈古茶园。

穿行在古茶园里，那些历尽沧桑的大茶树，依旧生机盎然，苍翠欲滴。粗大茶树的枝干上，覆盖丛生着苔藓、蕨类、藤蔓、螃蟹脚等，把这片嫩绿的茶园，点缀得色彩斑斓。置身其中，恍若隔世的伊甸园，又似游春在一幅诗意盎然的古画卷里。

景迈的螃蟹脚，惹人怜爱，它寄生在茶树和苔藓上，玉立婷婷。微风过处，随茶树的枝干翩翩起舞。螃蟹脚不惟景迈独有，也非只生长在古茶树上。我曾在幼小的茶树上，发现过螃蟹脚。也曾在南糯山、勐宋古茶园，看到过螃蟹脚青翠可爱的倩影。

茶树上长出螃蟹脚，听起来匪夷所思。其实，螃蟹脚是在生态良好的茶树上寄生的一种蕨类植物，它属于扁杆灯芯草，色绿形如蟹肢而得名。据记载，螃蟹脚性寒凉，味微酸，饮之柔滑爽甜，有清热解毒之药效。不过，茶归茶，药归药。茶可常饮，螃蟹脚其性过寒，可用食疗，不宜多饮。螃蟹脚有着轻微的腥味，更不宜与淡洁之茶混饮。

昔归冰岛
各有韵

我最早喜欢昔归，是因她的名字里，有“昔我往矣，杨柳依依。今我来思，雨雪霏霏”的诗情画境。

在杨柳依依的春天离家，在雨雪交加的冬日归来。泥泞霜冻寒冷，也无法阻止回家的风雨兼程，只因芦花深处的那间土房里，有盏为他亮着的昏暗灯光。这种“愿得一人心，白首不相离”的守望与情深，让人相看相感意缠绵。

等喝到昔归古茶，茶如其名，果然名不虚传。黑而紧细的娟秀条索，未泡就已茶香四溢了。等低冲慢斟，幽雅的兰花香，氛氲盈室，夺鼻而入。淡黄清亮的汤色，入口细腻得像读柳永的慢词，慢处声迟情更多。微微的苦涩中，香气若兰，清透蕴藉。三水后，回甘生津，两颊与舌底如汩汩流泉。五水后，黏稠的汤感依然柔顺。七水后，似冰岛古茶的冰糖甜始现，茶气仍旧强烈，但又不似老班章的霸气外露，劲道的气韵掩映在水中。昔归的茶，厚重耐泡，那种清冽高锐的冷香，让我们很容易区别于其他茶区。

清《缅宁县志》记载："种茶人户全县约六七千户，邦东乡则蛮鹿、锡规尤特著，蛮鹿茶色味之佳，超过其他产茶区。"文中的"蛮鹿"，现叫忙麓，"锡规"则称为昔归。

昔归是临沧邦东乡澜沧江畔的小山村，海拔750米，背倚忙麓山，前照澜沧江，地理条件得天独厚，造就了昔归茶独一无二的品质。但昔归的茶树一般不大，其大树茶的产量不过两吨。如此低产的好茶，在市场尤显珍贵，昔归应叫"希贵"才对呀！唐代杜工部诗云："昔归相识少"，能与昔归相遇、相识、相知的人，的确不多。

倚天不出，谁与争锋？在大树茶产量最大的临沧地区，能与昔归茶争锋的，大概只有勐库的冰岛茶了。冰岛的树龄普遍较大，年产量在7吨左右。干茶条索肥大，典型的黑条白芽。冰岛是一个古老的茶村，当地人习惯叫做"丙岛"或"扁岛"。

冰岛村三面环山，一面临河，水源充足，无冰无雪也无寒。不过，当"扁岛"被外界称之为冰岛，字义上便纯美了许多，让未来过的爱茶人充满了想象。偏清甜的冰岛茶，从来佳茗似佳人。冰清玉洁的联想，容易使人求之不得，辗转反侧。

茶界从来不缺少段子与故事。再讲昔归为王、冰岛为后，就会陷入粗鄙的抄袭与俗套了。我则认为：昔归和冰岛，很似金庸笔下的神雕侠侣。昔归茶气厚足，有着英雄的苍凉苦涩，却也不乏柔情，是杨过。清甜且几无苦涩的冰岛，像极了清纯脱俗的小龙女，幽幽地散发着玉蜂酝酿的花蜜香。

好茶还需好水。浙江长兴的秋夜，我与安徽农大的丁老师、双且，在品去岁的冰岛生茶。金沙泉的水、横把的银壶、可爱的

朱红漆器匀杯，都为那晚的冰岛茶添足了风采和韵味。

冰岛茶香气纯净，与倚邦的“猫耳朵”类似，入口甜爽是其最大特点。有些女士或刚接触茶的人，因承受不了其他产区晒青茶的浓强刺激，其冰糖甜的柔和滋味，会令他们耳目一新，念念不忘。其实，冰糖甜，并非是冰岛茶的专属特征，这是所有高品质茶所具有的共性，只不过冰岛茶的氨基酸含量，偏高于云南的其他大茶树，故显得茶汤细腻而甜爽。这些所谓的优势，如果与野生的顾渚紫笋相比，其鲜甜仍是望尘莫及。冰糖甜并不神秘，本是味甜而带清凉感。冰岛茶的茶多酚含量，相对于其他茶区偏低一些，故涩度不显。叶背毫少，故汤色清透。其香气偏花蜜香，悠远绵长，含蓄的像情窦初开的女孩，迷人而不媚人。澄澈甘香气味真，一盏摇荡满怀春。非冰岛莫属。

昔归、冰岛茶不用品，仅仅名字的诱惑，就足以令人神往了。但从2013年开始，这对临沧的神仙眷侣，已被资金炒高了太多，严重脱离了茶的品饮价值。多么希望昔日清纯无邪、至情至美的茶，少沾染些铜臭气，早日挤破虚高的泡沫，褪去浮华归本真。陌上花开，可缓缓归矣！哪怕是夕归？

清明

清泠寒食春飞花　梨花清明染春深
茶路漫漫在江南　红袖添香伴读书

清泠寒食
春飞花

寒花生树，桃红李白。阳春的日媚风柔，雨滋露润，诗意了闲煮吃茶的清寂光阴。

窗外，细雨霏霏梨花白。我坐在茶斋里，执卷《红楼梦》。坐久了，料峭春寒，便壶泡五年陈的祁红特茗。像这类色泽乌润、紧细苗秀的本土种祁红，已难寻觅。我多次问茶祁门，所见到的祁红，茶青多为早熟的新品种，发酵轻，青气重，很难再找到带有玫瑰花香的“群芳最”了。

这款特茗高温冲泡，汤滑红浓，香气沉稳，玫瑰花香在盏底萦绕，盘桓不散，恍然有玫瑰花开身畔的错觉，寒意中陡添了些许的温馨与浪漫。

吃茶暖，盏未寒。旧友持新购龙井兴冲冲地进门，大言茶出狮峰，让我尝尝鲜。我接过茶，茗倾素纸，细观干茶，芽叶匀整，短粗肥胖，绿中透黄，芽头末端的一痕淡红，端倪初露。我笑着说：“这是早熟品种乌牛早，真正的狮峰龙井，此刻尚待字

闺中呢！”我常说：乌牛早是尾端褐红的矮胖子，龙井品种要窈窕纤秀得多。

今年的杭州，阴雨连绵，气冷春寒。时令虽到了寒食，群体种的西湖龙井，才刚刚新芽初萌，采摘时间也比往年推迟了许多。早些年的清明以前，山涧的桃花落尽，我早已打点行装出门，问茶杭州狮峰、苏州西山、长兴顾渚、安吉溪龙的翠绿茶山了。

传统的西湖龙井，大部分为群体种，又叫老茶蓬。茶农口中的老茶蓬，能够形象地描绘出西湖龙井老茶树的基本概貌。你看啊！在桂花树、梨树、桃树开满繁花的山坡上，樟树覆盖的阴林中，一株株不知生长了多少年的老茶树，兀自傲然独立着、生长着。茶树粗大的根基上漫生着青苔，上部的枝桠丛生并交互覆盖着，像极了幽篁里隐居修行者的茅蓬。

老茶蓬发芽较晚，芽叶肥壮，叶张稍有卷曲。干茶有炒黄豆的浓香，芽长于叶，扁平紧秀，如糙米色黄。

我从冰柜里取出去年的狮峰龙井，与朋友带来的新茶对冲。先用沸水烫洗一下玻璃杯，投茶于其中热嗅。乌牛早的新茶，色泽偏绿，微有火香，略带青草气。而狮峰龙井的豆香更加浓郁，并夹裹着悠长清甜的兰花香。

待沸水稍息，悬壶高冲，茶舞翩翩，翠嫩养眼。绽放的叶形如兰，香气若花。乌牛早的茶形，的确好看，芽叶肥短，但茶汤偏薄微苦，青涩味显。它缺少的，不只是狮峰龙井入口的甘甜醇厚，还有西湖山水叠翠中的芬芳酝藉。

翠绿形美的茶，可以悦目，不见得好喝。对于茶，好喝、健康才是硬道理。有多少的红颜粉黛，在岁月老去后，能名垂青史

西湖龙井的群体种

的，还是靠“腹有诗书气自华”。曾经流连在西湖歌舞中，能让人们记住且追念的，都是些饱读诗书、留下清丽诗文的佳人，像苏小小、柳如是、林徽因，等等。

冬至后的一百零五天，是传统的寒食节，它正好在清明的前一两天。“一百五日寒食雨，二十四番花信风。”从立春的梅花绽放最先，每五天为一侯，就有一种相应的花卉，迎风信悄然开放，即所谓的“风有信，花不误”。到谷雨的楝花盛开收尾，经过二十四番花信风后，便是节气的立夏了。寒食节，是我国古老的传统节日。初为节时，是为纪念介子推，于是便禁烟火，只吃冷食。在后世的发展中，逐渐增加了祭扫、踏青、插柳、试茶、秋千、蹴鞠等风俗。

古人休闲的智慧，是选择在桃红柳绿、生机盎然的春天里，去祭扫踏青，缅怀与追远同在，游赏与问春共存。哀而不伤，欣而有节。而今寒食的流俗已基本消亡，仪式不存，信仰不再。没有了诗意的内心，乍暖还寒里，哪里还会有妩媚清明的春光？

寒食已逝、清明犹存。寒食肃穆，也是郊野嬉游的季节，“稚子就花拈蛱蝶，人家依树系秋千。”每每看到女儿，作业写至夜深，便心痛不已。多希望孩子能有童年的轻快，“儿童散学归来早，忙趁东风放纸鸢。”多希望女儿，能够走出灯下无奈的光晕，行走在“草长莺飞二月天，拂堤杨柳醉春烟”的画意中，健康阳光地成长。

梨花清明
染春深

清明，是一年中草木润泽、清气最盛的时节。《岁时百问》写道："万物生长此时，皆清洁而明净，故谓之清明。"

如雪的梨花尚未落尽，灼灼其华的桃红，如镜头中的画面映入眼帘。一年之中，没有哪一个季节，能像清明姹紫嫣红、华彩明丽，一片灵动的勃勃生机，在"红绿扶春上远林"里渲染开来。

明前茶叶是个宝，芽叶细嫩多白毫。明前的茶，春温低，发芽少，生长慢。芽叶细嫩，高氨低酚，香高味醇，弥显珍贵。

在以早为贵的贡茶时代，春茶大致分为社前茶、火前茶和雨前茶三种。社前是指春社前，大约在春分节气。像唐代的阳羡茶、顾渚紫笋，就是春分前后采摘的社前茶。火前即清明前，古时的寒食节禁火三日，寒食节又在清明的前一两天，故名。雨前茶，是指谷雨节气前的茶。明代许次纾《茶疏》里说："清明太早，立夏太迟，谷雨前后，其时适中。"如果说明前茶是茶里的极品，那么，雨前茶就是茶中的上品了。

明前的茶，清香袭人，鲜爽生津。它凝结着去岁的簪花剪雪，蕴含着早春的晨风暮雨，包藏着清明时气流转的清新盎然。这样的茶，算得上是至真至纯、无妄无嗔。如果在世俗中，它被包装成可望而不可即的奢侈品，真的会玷污了茶的清名，辜负了茶的独高。

明前茶，在我们的意识里，还是以芽为贵。在茶事活动中，仍会看到一些人，炫耀着单芽茶的嫩绿。对于明前茶，采摘一芽一叶或一芽两叶，会更理性、完美。其香气、厚度、鲜爽度、耐泡度、营养成分，都会好过单芽许多。首先，单芽茶，为生长不完全芽叶，内含物质尚未形成。其次，惜采单芽，会大幅提升茶的品质，减轻对茶树的伤害，如此，方不辜负茶树一冬的苦寒坚守。

碧螺春采摘一芽一叶，西湖龙井采摘一芽两叶，六安瓜片连芽都不要，只撷取第二个叶片。当它们都成长为经典，而信阳毛尖不仅只采芽，而且还越采越小，最终赢得个“小混淡”的绰号，教训不可谓不深。所谓“小”，是指芽头采得过小；“混”是指芽头嫩小而毫多，因此造成了茶汤的浑浊；“淡”是因为单芽茶味不全，故滋味清淡。

平常心，真滋味，草木情，饮之道。茶树历尽酷暑严寒，“春物亦已少”，还是要多存惜物之心，少些冠冕堂皇，这才是茶之大道。

“恻恻轻寒剪剪风”中，晨歌兄来济吃茶。彼此谈起滇中问

茶的所见所闻，不禁有些慨叹。云南连年春旱，茶树严重过采，大树茶杀青不透，烘青料以假乱真，初制茶粗放简单，山头茶混乱不堪，树龄茶虚假夸大，等等。诸如此类，让我对普洱生茶的未来，信心不足，甚至迷茫。在一些知名的寨子里，我多次喝到过烘青的茶。若是仔细辨别，会发现干茶带有高温干燥的火香味。茶汤青绿，叶底翠绿，香气高扬，入口清甜，缺乏苦底中的回甘。这种烘青绿茶特有的色香味甘，有先声夺人之势，不知会让多少人上当。

同时和晨歌谈到，一个茶人，一个老店，不能自欺，也不可欺人，应及时把别茶鉴茶的正确理念，清晰地传递给茶友。例如：怎样的熟茶可以陈化久存？哪一类生茶可以如期地转化？哪个池塘的蝌蚪可以变成青蛙？如其不然，五年乃至十年之后，当新茶的浮光掠影随风而去，当茶的真相原形毕露，又该如何去面对购茶的朋友及我曾经夸口的茶？由此可见，古今老字号立店的不忘初心、童叟无欺，从来不是一句空话。记得胡庆余堂悬挂的匾额是“戒欺”，同仁堂的对联是“修合无人见，存心有天知”。

在这个明媚的节气里，我喜欢读苏轼的《东栏梨花》：“梨花淡白柳深青，柳絮飞时花满城。惆怅东栏一株雪，人生看得几清明。”花飞花谢，春去冬来，万事蹉跎，时不我待。余生还有几个清明？又有几人能看得清明呀！

山高雾霭处，翠绿是茶清明时节的春衫，本真依然。岁月催人，光阴发酵了少年的心事。待到中年时，那一杯绿茶，已经渥堆氧化，变成了温润甘甜的红茶，汤里酝酿着浅笑深颦的青春秀色。此去经年，耐得住时光沉淀的，是“玉碗捧纤纤”里泛着的醉红酡颜。

茶路漫漫
在江南

累且快乐着的茶季来了，我急不可耐地奔向江南问茶。春来江水绿如蓝，能不忆江南？江南的春，在乱花深处鸟鸣中；问茶的路，于阳崖阴林清涧里。

过去到江南问茶，我一般先至杭州，然后以杭州为中心，奔径山、长兴、安吉、德清、湖州等地。高铁改变布局。待高铁开通后，我可以先到湖州，尔后以湖州为中心，真的方便快捷了许多。

四月的西湖，红胭绿脂中弥漫着的花与草的清新。它是什么味道？是三分慵懒，七分香软，十分温婉。烟雨清波，如诗如画的西湖，是我问茶江南的驿站，是一个必到可以不游，但不能不驻足小坐的所在。

长亭边，断桥上，雷峰塔下，灵隐寺中，虎跑泉边，翁家山畔，寻紫觅红，踏遍青山，只为寻觅龙井的香远味鲜。西湖龙井的色清味甘，与他山异。异就异在西湖的春山苍苍，钱塘的绿水

漾漾。还有呢？苏轼、林逋、白居易、辩才、弘一的文脉诗魂，穿过千山晕碧、翠幕烟绡，在潋滟春光里低吟浅唱，熏染富足了西湖龙井的蕴藉芬芳。

在杭州问茶，我去的最多的就是狮峰山、满觉陇。这里的崖前涧边，古木参天。湿漉漉的台阶，苔痕青绿。如是深深地呼吸一下，顿觉畅快清凉，湿润的空气里，沾染着草木清香。如果仔细辨赏，桂花树下生长的龙井茶，花香会悠然许多。

在翁家山，一个老樟树笼荫的江南小院里，我协助翁先生炒茶。老先生告诉我：他和老伴炒茶近五十年了，炒茶苦啊！只有用手去感知锅温，凭经验炒出的龙井茶最香，机器是无法炒出这

西湖龙井的辉锅

种香气的。看着他手上烫起的水泡，我有些黯然。或许如先生所说，用不了多少年，传统龙井茶的手炒工艺，就会成为历史的记忆，或仅沦为商业表演了。茶很香，但炒茶的过程是苦的。当今的年轻人，已经难捱其苦，逐渐开始远离这个手工技艺了。

我问老先生："龙井茶的香，是什么香呀？"老人说："是清香。"的确是清香，我无法再去追问。我感觉它是一种醇厚的豆花香，用心品来却似又不似，这或许就是香气的魅力与龙井的神韵吧！在山色俱佳的西湖之畔，秀美的狮峰山下，溪涧径流遍布，茶树长年处于"不雨山长润，无云水自阴"的雾露环境中，每天沐浴在山光、水气、花香、果香中的西湖龙井，怎么会是单一的香气呢？一叶凝聚千般香，这或许就是茶的思想。

下山的路上，我还在思索，当旅游的车流、人流，打破了山场的静寂；当宽阔的马路，替代了幽篁曲径；当竹篱茅舍，变成了没有温情的钢筋水泥；当机器全部代替了传统手工……龙井茶的精神底蕴，是否也会发生改变？还会如百年前的"茶烟一缕轻轻扬，搅动兰膏四座香"吗？

黄昏时，天空飘起柔若细丝的小雨。烟波浩渺的西湖，云蒸雾润，像一幅浓淡相宜的文人水墨。行至柳浪闻莺处，雨下得更密了，雨丝缠绕着落花，覆盖了小园香径，我顺便拐至恒庐吃茶避雨。

与澄澄堂主及女主人姚琼相知多年，冒雨去讨杯茶吃，也用不着寒暄客气。清秀的姚琼笑意盈盈，瀹泡她镇店的私房茶积香。听姚琼说，积香是她和先生早年用班章料精心发酵的熟茶，希望此茶能在岁月的磨砺中，厚积薄发，历久弥香。

积香的名字，取得真雅。宋代秦观有诗："云峰一变隔炎凉，犹喜重来饭积香。"果然茶如其名，此茶的香气，与我早前定做的一款攸乐山熟普类似。开汤乳香浓郁，水厚汤滑，三水后，老茶的糯米香醇正勃发，甜润有加，只喝得胃肠暖暖、汗出涔涔。

茶逢知己千杯少。我坐在竹椅上，细品着积香的柔滑与甜软，透过古老的海棠花格窗棂，惬意地看翠竹盈窗，听雨打芭蕉。欣慰西子湖畔的雨夜萧萧，有茶有闲，与一二知己共饮。茗品细细，香长味永，心下快活自省，口不能言，妙处难与君说。

雨还在下。我开始牵念湖边的桃花、杏花，可否经得起雨梳风寒？如果明晨醒得早，一蓑烟雨中，我一定会深巷明朝看杏花。

红袖添香
伴读书

万木叠翠的桐木关，崇山峻岭，松繁竹茂。古茶园的野生茶树，山高路远，云浮雾寒，因此，桐木茶山的春天会来得晚些。

谷雨前，我从武夷山的三姑，驱车进桐木关。进山的路，是条百年古道，在对夹的青山间逶迤盘桓。山路左侧的山涧里，碧水横流，飞花溅玉，向下汇入武夷山的九曲。远处数峰青黛，有白云缭绕。过了保护区的皮坑检查站，再往里才算是真正的桐木关。这里的海拔超过了一千米，水清山翠，宛若仙境。

一路穿林渡水，峰回路转。九十分钟后，到达人迹罕至的十里场。稍作休整，我和老温直奔桐木关的核心茶区，去探望生长在竹林里的百年野茶。

桐木深处，乱山攒拥，流水铿然，疑非人世也。行至大竹岚，徒步跨越山涧的小溪，踏着松针和竹叶自然厚厚铺成的蹊径，攀竹援树，艰难步行一公里许，来到了遁世离俗的南钉坑。

这些生生不息在竹林新笋间的野生茶树，枝椏间密布着苔藓蕨草，翠绿养眼。那丛丛不知岁月经年的老茶树，有同根相生的，有茶果堕地野生的，一簇簇的间隔或近或远，幽居岩壑，自成风景。彼此间或相依，或翘望，枝枝叶叶总关情。

野生的茶树，迥异于山外的园茶。细观每一丛茶树，簇簇各异，参差不齐。叶片细长如竹叶，叶茎较长。叶芽或翠绿、或金黄，或紫红、或淡紫，色各不一，叶皆有别。新梢多为娇翠金黄，叶面凹凸有致，褶皱如老人的手面，诉说着山里的沧桑流年。叶张微微后卷，茶芽及叶张背面的绒毛稀少。这也是正山小种茶汤清透的主要原因。宋子安《东溪试茶录》记载："茶于草木，为灵最矣。去亩步之间，别移其性。"生态清绝的好茶，多为自然变异的群体茶种。正是这些资质各异的老茶树，共同构成了正山小种的丰富多彩。

刘梦得《西山兰若试茶歌》云："阳崖阴岭各殊气，未若竹下莓苔地。" 霉苔地上的茶树，新梢凝翠，叶叶清风，又有竹林掩映，茶氨酸含量高，故清幽鲜美，品质最佳。茶树丛生于被覆竹叶、松针腐殖土的烂石之上，叶张柔软，叶脉清晰，叶背后卷，茶毫稀少。这些好茶的特征，与陆羽《茶经》对"上者生烂石、阳崖阴林、野者上，叶卷者上"的描述，是基本吻合的。

次日清晨，待茶树上的露水消失，竹林野茶开始采摘。等茶青运回十里场，便开始在竹席上薄薄的摊青。我坐在一旁的竹凳上喝茶，陪着茶青慢慢走水，不时地会抓一把茶青，嗅嗅香气，感知一下。叶面如绸缎柔滑，黏黏的粘手，又亲切喜悦地不忍放下。等茶青偃伏萎软，散发出甜甜的青苹果香气，便可进行揉捻了。

夜深的桐木，远山如黛，山风清冷。万籁俱寂中，唯闻溪流淙淙，间有几声狗吠。一夜饮茶看青，几近不眠。

当山中的第一缕阳光，照射到次第斑斓的峰峦之上，野茶的摊青、萎凋宣告结束，随即进入揉捻阶段。山场好的野茶，揉捻时散发着花香或近似苔藓的清香。而生态、土质欠佳或施过化肥

发酵到位的红茶茶青

的茶青，气息沉闷或泛土腥味道。好茶与劣茶，在萎凋、揉捻初期，高下已见分晓。

经过揉捻的茶青，要先解块，之后便是数小时的渥堆发酵。做茶尽管很累，但是，当遇到好茶的触手柔媚、芬芳四溢，就会让无聊的劳作变得有味。在世界上，有哪种工作是清香追随、贯穿始终的？

夕阳西下，茶青发酵到九红一绿，近猪肝色，我协助老温起堆，把红变的茶青均匀布散到竹匾上，一摞一摞地移入专做传统小种的青楼。这青楼，可不是那“青楼”。这青楼凋青、焙茶；那青楼，倚红偎翠。名同而质异也。

等夜幕降临，在青楼下的火灶内点燃松木，利用高温烟气烘干茶青，毛茶的制作才算初步完成。

山隐幽居草木深。竹林的野茶与竹相伴，得竹林清芳。它从生山野，具苔藓丛韵，沾梅馥兰馨，在后期的制作中，又得以松烟熏染，松竹梅兰的气韵，齐聚一盏汤内。这茶，多么像中医里以补气见长的四君子汤。

“林下美人，梁上君子。”是金岳霖对林徽因、梁思成伉俪的无上赞美。竹下佳人，盏中君子，是“红袖添香”这款野茶的真实写照。关于红袖添香，说来话长。记得两年前，我刚走进桐木关，当我在山清水秀的十里场，品到这款竹林野茶时，便惊喜不已。那金黄油亮的汤色，如梅似兰的花蜜香气，让人从心底里温暖愉悦。最喜那入口的清甜，如饮野生蜂蜜，又似山野深处的疏朗清寒，如斯佳茗，尽得山清水幽之气，浸染竹木清香之韵，熏以山花野卉之芬。“红袖”虽然集了梅芬、兰幽、竹清，但是，我觉得也不能少了松韵，于是，便在焙火中选择青楼制作，使之不离传统，稍含松烟淡淡。“红袖”添以松烟香气，便是“红袖添香”了。

红袖添香夜读书，是文人闲适香艳的生活。书读执卷，生活如茶，生活里不能少了传统的松烟气息。如此良宵兀坐，人倦灯瘦之际，倘若有一袭“红袖”相伴，可得人生三昧：布衣暖，红袖香，读书滋味长。

红袖添香夜读书，是慵散文人的惬意生活。顾惭华鬓，负影只立。一盏红袖，温馨隽永。香透齿颊，暖意顿生。难怪金圣叹说：“读《西厢》，必焚香读之，必对花读之，必与美人并坐读之。”剔透清灵，情幽贤淑的佳人罕矣！莫若“红袖添香”，茗伴读书。

谷雨

问茶湖州访大茶
安吉茶山又逢君
曾从顾渚山前过
茶煎谷雨落花春

问茶湖州
访大茶

鹁鸠唤晴，江南春矣。江南的春天多雨，雨却是江南的意象。江南的茶和江南的雨一样，清澈灵动，祛除浮躁，消磨锐气，沁人心脾，又有谁能拒绝好茶的温柔清贵呢？

细雨疏烟，桃花旋落。我相约大茶，辞别杭州，问茶湖州。湖州是中国茶文化的发祥地，也是陆羽的老师皎然的故乡。

皎然姓谢，字清昼，是南朝谢灵运的十世孙。当时，皎然大师是杼山妙喜寺的主持，也是唐代最著名的诗僧和茶僧。陆羽在二十多岁时遇到皎然，是他命运的转折点。陆羽于湖州著《茶经》，皎然不仅给予无私的谆谆教导，而且提供了必要的物质与经济条件。皎然圆寂后，陆羽毅然决然地离开苏州，重返湖州，以追随他视为“缁素忘年之交”的老师。

陆羽晚年有诗追忆皎然，“禅隐初从皎然僧，斋堂时谥助茶馨。十载别离成永诀，归来黄叶蔽师坟。”字字情深，句句意切。

湖州是产茶的圣地，也是风雅之邦，其中所辖德清的莫干黄芽、长兴的顾渚紫笋、安吉的白叶茶，都是春茶中的翘楚。这一切，从宋代戴表元的《湖州》诗里，可见一斑，诗云："山从天目成群出，水傍太湖分港流。行遍江南清丽地，人生只合住湖州。"

从问茶的日程安排上，我应该先去嵊州。不料误到了杭州汽车北站，只能先奔湖州，这就是茶缘。在去湖州的大巴上，大茶告诉我，他正在妙和山中炒制"妙喜茶"。同时短信回复我："静兄清福奇佳，乃冥冥中有茶香牵引而至。"是啊，择日不如撞日，爱茶的人相聚，都是那一抹茶香的因缘和合。更为惊喜的是这一刻，元白先生正从上海赶往湖州，舟山雯嫣也从宁波快到湖州了。这就是茶的魅力，让人从五湖四海，为了一个共同的目标，不约而同地走到一起来了。

好茶的沁慧来车站接我，然后，一起到山中去接大茶。初见大茶，沉稳清瘦，一身山岚清气，一手提着一兜刚刚出锅的妙喜野茶，一手拎着一茎带着露水的新鲜春笋，气定神闲，高古淡然，俨然有陆羽之风。

晚上，与大茶、沁慧吃油焖春笋。茶山的鲜笋，泛着茶的清甜。饭后与元白、雯嫣诸友茶聚青藤。试新茶，品旧茗，高朋满座，琴韵茶香。茶席上，由大茶兄主泡，用的水是温山新汲的山泉，因此，那晚的天目御白、罗岕岕茶、普陀佛茶、私藏的妙喜野茶，都是异常的甘美鲜爽、含英咀华。

第二天，与大茶去瑞福祥吃茶。先品新昌大佛寺开光的明前龙井，甜润可人；后品小汝亲手炒制的霞雾玲珑，清香异常。霞雾玲珑，形卷如螺，白中闪青，兰香幽芬。茶叙中，望着小汝手掌烫起的燎泡、灿然如花的笑靥，我心中有些感动。茶的苦，包含着炒茶人的辛勤劳顿；茶的甜，是一锅茶炒成后的盈盈笑颜。最后，以一道足火的老枞水仙收尾，暖胃驱寒。告别小汝，获赠一罐霞雾玲珑。拿茶在手，沉甸在心，这是一款可闭柴扉、扫竹径、松月下、对芳兰，需要息心静品的好茶。

与大茶在一起论茶，我深感自己的肤浅。何为茶人？当人像茶一样，沉静清雅，淡洁无染，把苦涩在心里变成回甘，以冉冉的山野幽香，去熏陶别人，润物无声，始能相称。

在漫漫的茶路上问茶，实则是问友、问己、问心。是在漫目空翠、鸟鸣山幽间，反观内照，找寻曾经迷失在繁华都市里的清澈觉心。佳茗如禅，啜苦回甘。与大茶一起吃茶，我心生妙喜。茶的苦甘清芬，让我如同参禅，又怎可言？

湖州的深夜，入睡艰难。我反复思考着陆羽《茶经》的相关问题，一个“精”字，贯穿着《茶经》的主题。一个“俭”字，形成了茶道的核心。《茶经》开篇就强调了“茶之为用，味至寒，为饮最宜精”，“采不时，造不精，杂以卉莽，饮之成疾”。

由“饮之成疾”，我联想到舆论热议的农残问题。茶的农残，既是一个亟需管理的问题，又是一个众人觉悟有待提高的难题。谷雨前的茶，气温低，基本不存在虫害，也就不需要灭虫，农药的残留问题自然很少。而夏秋园茶，生态链薄弱，在高温多湿的条件下，虫害滋生自然严重。如夏秋产的各色茶，不施农药杀菌灭虫，根本不符合农作规律与茶园实际。只有少买或不买劣茶，没有了市场需求，劣茶自然会减少或停止生产。早春晚秋的茶，产量偏低，价格较高。若总想以低廉的价格，去购买不负责任的商家的茶，又怎能避得开农残呢?

对待夏秋茶可能存在的农残，不必要谈虎色变。目前茶园使用的农药，普遍低毒，易降解，且不溶于水。陈宗懋院士也在反复解释，微量的农残，并不一定有害健康。因此，不能因噎废食，更没有理由去埋怨辛苦的茶农。我常常告诫茶友：“喝好茶，少喝茶，喝淡茶”，是喝茶的智慧。选择早春晚秋的好茶，身体力行地去抵制劣茶，茶产业才能实现自我修正，逐渐趋于完善。如此，方可有利于己，也利于茶。

曾从顾渚山前过

离开湖州，与大茶、沁慧、雯嫣诸友，驱车去长兴县的水口乡，谒拜了吉祥寺和大唐贡茶院。而后来到顾渚山，寻访做供近千年的紫笋茶，探幽关于紫笋茶的相关故事与历史遗迹。

顾渚紫笋，作为历史上品质最佳、持续时间最长的贡茶，从唐朝广德年间以饼茶开始进贡，到明代洪武年间罢贡，历经唐、宋、元、明四个朝代，其兴盛期长达605年。唐代的饼茶，是由历史上第一座皇家贡茶院蒸青碾压制作的，到了宋代，革新成为蒸青研膏的大小龙团。明代之后，就演变为炒青的条形散茶了。

大茶告诉我，顾渚紫笋的超凡脱俗，最早是僧人发现的。李清照的丈夫赵明诚，在《金石录》里记载："山僧有献佳茗者，会客尝之。野人陆羽以为芬香甘辣，冠于他境，可荐于上。"陆羽品完山僧馈赠的紫笋茶后，感觉甚佳，便向御史大夫李栖筠建议并推荐为贡茶。紫笋茶一到宫中，便受到了无上的赞美与欢迎。吴兴太守张文规诗云："牡丹花笑金钿动，传奏吴兴紫笋来。”

到了明代洪武年间，朱元璋废团改散，紫笋茶开始走向衰落。紫笋茶作为数百年颇受赞赏的贡茶，青翠芳馨，清冽深长，嗅之醉人，啜之赏心。它在明代，为什么会突然受到冷落？其中的缘由，是否与紫笋茶的“紫”字有关？

在隋唐时，宫廷以紫色为尊贵。唐代齐已的《寄怀曾口寺文英大师》诗云：“着紫袈裟名已贵，吟红菡萏价兼高。”但是，到了明代，因为皇帝是朱姓，所以官服和宫内的帐幔，开始禁用紫色。敏感多疑的朱元璋，是否因了《论语》的“恶紫之夺朱也”这句话，从而抛弃了紫笋贡茶呢？当然，我这只是猜测。在尊儒崇佛的明代，孔子的话是相当有分量的。朱元璋和孔子的论调，应该是一致的，他们厌恶和不希望紫色代替朱色，而成为正色。因此，紫色的物品，包括紫笋茶，因为有了“紫”字，便不再受到皇家待见。在清代，反清复明的文人，曾骂满清王朝是“夺朱非正色，异姓尽称王”。废掉作为饮品的紫笋茶，与维护朱姓皇家政权的合法和稳定性相比，又算得了什么呢？

带着对紫笋茶的思考，我走进了顾渚山的古贡茶园。茶园被遮天蔽日的翠竹围合着、覆盖着，近人高的古茶树，丛丛簇簇，自由散漫地生长在沟壑边、竹根旁、碎石间，与杂草、灌木、藤蔓混生错杂着。古茶山的松风幽径、迤逦气韵，也只有用张旭的诗来形容了。其诗云：“山光物态弄春晖，莫为轻阴便拟归。纵

顾渚紫笋茶的笋芽

使晴明无雨色，入云深处亦沾衣。” 千百年来，隐迹于翠竹幽篁、甘泉细流间的古茶树，其生态、环境、植被、土壤等，的确高度契合陆羽《茶经》对紫笋茶的描述：“上者生烂石”“野者上”“阳崖阴林”“紫者上”“笋者上”“叶卷上”。

这些古老的紫笋茶，目前主要分布在顾渚村的桑坞岕、高坞岕、竹坞岕、狮坞岕、斫射山一带。我仔细观察过，古茶园的野生紫笋茶，基本生长在山之阳、烂石上、溪涧畔、竹林中，茶树高低、粗细、大小不一，茶树的根部丛生着野草杂花，土壤疏松肥沃。再看那些留着雾气水滴的茶树，新芽呈春笋状，嫩叶向后被卷着，笋芽比第一叶长出许多。另外，紫笋所谓的“紫”，并非现代人误以为的单纯紫色。我穿行于古茶园，通过对数万株野生紫笋茶树的对比发现：紫笋茶的“紫”，是特指如破土新笋状的初萌芽头，而非是指叶片。芽笋呈现的那种紫，应是淡淡的粉红里透出的微微紫韵。等新芽成长为叶片绽开后，芽头的微紫色，就会逐渐消褪。紫笋的“笋紫”，与红心铁观音的“红心”白芽奇兰的“白芽”一样，都是新芽初萌的茶树品种特征。

紫笋茶芽新萌的紫韵，既不像西湖龙井、碧螺春的群体种，在阳光下变异后，呈现芽叶永不褪去的紫红色；也不像云南高原上浓妆艳抹的紫芽和紫鹃，呈现的那种浓浓的深紫色。顾渚紫笋的“紫”，是一种含蕴着诗意变化的品种特征，并非是花青素在强光下的增加、变异所致。另外，花青素含量高的紫色茶，因滋味苦涩，干茶外观微黑，是不适合做贡茶的。古代贡茶的“五选八弃”里，就有“弃色紫”的严格规定。

冠于他境的紫笋茶，因为有茶圣陆羽的推荐，而成为历史上最著名的贡茶。生态优美的顾渚山，又因出产贡茶而闻名天下。又因为紫笋茶，仅在唐代就有28位刺史被吸引到顾渚山来。我们耳熟能详的还有：颜真卿、皎然、皮日休、陆龟蒙、杜牧、白居易、刘禹锡、苏轼、陆游等。

张大复在《梅花草堂笔谈》里描述紫笋：“松萝之香馥馥，庙后之味闲闲，顾渚扑人鼻孔，齿颊都异，久而不忘。”由此看出，张大复认为紫笋茶，在明代是好过松萝和岕茶的。许次纾引姚伯道云：明月峡的紫笋茶，“其韵致清远，滋味甘香，清肺除烦，足称仙品。”至于过去的紫笋茶如何迷人，我只能艳羡于古人的描述，已无法亲自体会。如今，我在古茶园寻到的紫笋茶，已经改为烘青绿茶了，但其香气依然清冽幽微，乳嫩清滑，馥郁鼻端，能与醍醐甘露抗衡。野生紫笋的那种清凉感觉，如杨万里诗中所言：“竹深树密虫鸣处，时有微凉不是风。”

千古清芬，绵绵余韵的紫笋茶，而今已成过眼云烟。时至今日，紫笋青芽谁得识？但茶仍然是茶，不失本分。春来发几枝，清香犹在，妙韵永存。节同时异，茶是人非。南宋曾几有品紫笋的茶诗：“不持新茗椀，空枉故人书。”历史若无更替轮回，贵

为贡茶的曼妙紫笋，怎会是我杯中的一片绿、心中的一抹香呢？

今年的霜降，我又一次从顾渚山前走过。在大唐贡茶院的清风亭前，与双且、老崔、都雪等友，新汲金沙泉水，瀹泡我在古茶山亲手炒制的紫笋野茶，清甜香幽，真是应了汪士慎的诗句："共对幽窗吸白云，令人六腑皆清芬。"不过，良辰美景再让人留恋，此时的茶、水、人、景、物，都是充满禅意的一期一会。

安吉茶山
又逢君

与郑雯嫣长兴别过，我和大茶、沁慧，一起又去安吉问茶。

安吉建县于公元185年，是由汉灵帝赐名，取《诗经》“安且吉兮”之意。我最早知道安吉，是看了李安的电影《卧虎藏龙》，影片中那片碧绿无垠的壮阔竹海，让我对竹林掩映的安吉充满着期待。

雨雾中，我们先到了溪龙的白茶园，一碧万顷的茶山，山势葱茏起伏。沁慧指着茶园中白墙黛瓦的别墅告诉我，那是电视剧《如意》中的谭家大院，那个位置就是号称白茶第一村的黄杜。《如意》我没看过，听说是一个充满茶香的爱情故事。

茶山的空气新鲜，我深吸一口，甜丝丝的凉润。眼底雾气中的茶芽，清灵娇黄。金黄嫩白的叶片上，叶脉如翡翠的翠根渐变散布。芽翠如花，叶白如玉。放眼远处，娇黄的油菜花，一片片地盛开，鲜亮的色彩与茶山的翠绿，自然混搭得美丽无双。薄雾中连绵起伏的山峦，有几枝水红桃花掩映在山脚，像吴昌硕先生

安吉溪龙茶山

洇湿的丹青写意。这片茶山，那片桃花，墨痕深处，是昌硕老人熟稔的故乡情深。

我们离开溪龙茶山，去恒盛茶厂找大锁喝茶。他见面拿出的招待茶，是级别较高的天目御白和头采的安吉白茶。一清茶事的钱群英说过，用月白色的龙泉青瓷杯冲泡安吉白茶，最能表现出该茶的玉色娇白。当然，也可用玻璃杯子，以赏杯中的曼妙茶舞。

头采的安吉白茶，色调翠黄，不似后期的翠白，但比后期的茶要香细清甜。其特有的芽形，稀有的兰蕙香与鲜爽香，常让我想起深山的淡竹掩雪，幽谷里的竹影娑婆。安吉白茶，是绿茶中最有诗意、最具娇色的茶。

不久，大锁又拿出他新做的茶来，我顿觉眼前一亮，未饮已是欣然。看着干茶的卷曲玲珑，黄白隐翠，我心生欢喜。细嗅干茶，甜馨的兰花香浓。便问大锁兄，此茶有多少？大锁说第一天做了八斤半，明天能做四十余斤。我贪心又起，笑着说："茶色如玉，其香若兰，其味似乳，其形蜷曲，白中泛金，翠中有韵，取名玉玲珑吧！这两天的茶我全要了。"大锁顿露喜色。我心中明白，辛苦踏实的做茶人，当茶品被迅速认可时，是最感幸福与欣慰的。

我取玉玲珑三克，用中投法瀹泡。即先在杯子里倾倒三分之一的水，而后投干茶，最后再注水至茶杯的合适位置。沸水杯泡，茶汤入口，果然惊艳，回甘甜润，香气若兰，似玉米蛋花汤

的细腻清鲜。观杯中叶游于水，翠白隐绿。品啜可口，赏鉴悦目。等茶汤凉了，冷品水香清远，颇有韵味。

今春的安吉白茶，前期遭遇阴雨连绵，茶青含水率高，如采用白茶的常规烘青工艺，做出的茶青气重，茶汤会苦涩味显。而玉玲珑采用了传统的高温滚筒杀青，茶青的叶张杀得比较透彻，低沸点的青草味物质能够全部挥发出来。并且在瞬间高温杀青后，干茶自然卷曲似螺，最大限度地保留了茶的原色，保持了鲜香的茶氨酸等不被破坏。

下午，我在茶厂接受了《浙江壹周刊》的采访，高度赞赏了玉玲珑的传统工艺。我说：玉玲珑是迟暮的白茶市场上，升起的一道绚烂彩虹，是白茶市场上同质化剧烈竞争突围中的亮剑。一款未来值得期待的新茶，一定是靠近传统的创新，也是继承优秀工艺基础上的厚积薄发。像这款玉玲珑，既能最大程度保留了茶中呈味物质的鲜美，又因为敢于高温杀青，久饮不会有害胃肠。

相对于市场的某些创新茶，为营造外观的秀美与颜色翠绿，大多采用了低温杀青工艺。为掩盖低温杀青造成的青气和苦涩，又采用了高温干燥的提香工艺。这类茶的外观，的确翠绿养眼，干茶香气也高，但在瀹泡时就会原形毕露，苦涩、汤绿、有青气，久饮刺激肠胃。很多人道听途说的绿茶伤胃，就是这类绿茶形成的阴影与恶劣影响。

茶是用心喝的，不只是用眼看的。好的口感与翠绿鲜艳的干茶外观，正如鱼与熊掌不可得兼。好事不必苛求成双，不完美才是人生的真实。此岸与彼岸的风景各异，如何正确地选择决断，考验的是内心升起的智慧。人间正道是沧桑。茶也如此，一款有传承有底蕴的佳茗，自然也会脉脉而语，就看我们能不能听懂。

安吉白茶是白叶茶，它是一种珍罕的低温敏感型变异茶种，其阈值约在23℃左右。以原产地安吉为例，春季低温，因叶绿素的缺失，清明前新萌的茶芽偏白。在谷雨前颜色渐淡，多数呈玉白色。谷雨后到夏至前，逐渐转为白绿相间的花叶。夏至以后，芽叶恢复为全绿，与一般绿茶无异。

安吉白茶属于绿茶，是因为它采用了绿茶的烘青加工工艺，其白在叶。而传统的工艺白茶，像白牡丹、白毫银针，采用的是不炒不揉、萎凋干燥、轻微发酵的工艺，其白在毫。武夷岩茶中，还有一种滋味清美的白叶茶，名叫白鸡冠，已经属于乌龙茶的范畴了。

安吉白茶，高氨低酚，香高味鲜。冲泡时，似片片翡翠起舞，表里昭澈，又如玉之在璞。饮此茶，我常想起有凌波仙子美誉的水仙花。二者都具仙骨，清寒雅致。借水而开时，香远益清。那“水中花”，淡雅得可让人失去欲望，倒有在花下安眠的心思了。细究起来，也只有《红楼梦》中的史湘云，能安然地头枕落花囊，卧于落花雨下了。

安吉白茶，淡洁清雅，如花似玉。它可远观，可静赏，有兰之幽，而少孤傲；似梅之洁，却无清寒。一如从西子湖畔、断桥残垣走出的白娘子，衣袂飘飘，凌波微步。

初识安吉白茶，微醺仙风道骨，妙得淡中滋味，安且吉兮。

茶煎谷雨
落花春

2011年，在谷雨的前一天，我离开云南的建水古城，经墨江、思茅、抵达勐海。

建水古城素有“文献名邦”“滇南邹鲁”之美誉。我久居江北，小时候听刘兰芳的评书《岳飞传》，讲的是宋代金兵南侵，宋高宗赵构一味苟安求和，升杭州为临安府，后迁都临安。临安即是现在的杭州市。

建水古代也叫临安，最早知道这个名字，还是精于刻陶的利烽告我的。去建水问陶，我常住在静庐，在这个清幽古朴的四合院里，荷塘边，紫竹下，布席吃茶，抚琴弄墨，谈茶论陶，意趣无尽。

建水古城，有着1200多年的悠久历史，民风淳朴，文脉深厚。明清开科取士，有时云南一榜举人中，临安的学士竟占半榜之多，故又称“临半榜”。

我慕名去古城的西门，吃炭火上的烧豆腐，确实美味。到最有名的大板井，品过古井的泉水，方明白建水的豆腐为什么如此的鲜嫩酥香。

大板井水甘味洁，有“滇南第一井”之称。我置身古井旁，看着青石井栏上，被打水的井绳积年累月勒出的凹槽，或深或浅，光滑明亮，是等闲变却，是沧桑流年。

我用矿泉水瓶，汲满大板井的泉水带回客栈，瀹茶顾渚紫笋，果真是传说中的水甘鲜醇，清冽异常。用唐代的古井水，瀹泡大唐曾经最知名的贡茶，山野幽芬，香清甘活。旧时的水，明

前的茶，途中的我，在千年的流光里，他乡遇故知，我似乎感受到了“春回顾渚雪芽生，香味尤以秘水烹”，品到了隔世经年的幽幽茶香。茶烟轻扬，落花风中，曾从临安城中过，大板井水瀹紫笋。

一个城市，有好水才会有美食。水为茶之母，茶性必发于水。好茶于此瀹泡，就会尽显灵性和异香。而被泉水滋养着的人，内心和善，神情甜美。“临半榜”的才情，像古井的水，清澈新鲜，静水流深。文以载道，泉以常流。

诗写梅花月，茶煎谷雨春。谷雨这天，我又一次来到勐海。

在这里，除了和岩文兄喝茶，就是去拜访几位勐海的茶界前辈。朝晖夕阴里，我在竹楼上煮水煎茶，当风沙沙地拂过窗帷，耳畔仿佛有《月光下的凤尾竹》的旋律萦绕。

勐海是普洱茶的摇篮，也是世界茶树的发源地之一。当最北方的崂山绿茶初绽新绿，刚刚具备采摘条件的时候，勐海茶区的古茶树已无芽可发。天旱不雨是重要原因，谷雨节气的来临，也是普洱春茶季结束的标志。当然，云南的雨前茶，不能误读为是谷雨之前的茶，它是以春天下第一场雨、进入雨季为分界，之后所采的茶，就属于夏茶了。

世人论茶，首尊明前。岂不知当下对明前茶、雨前茶的习惯定义，是根据江南茶区的气候条件划分的，而季节，并非是一个界定茶质优劣的普适概念。

雨前茶，是指谷雨以前采制的春茶，又叫二春茶。此时雨量充沛，温度适中，滋味鲜爽，香高耐泡，性价比好。谷雨当日采制的茶，谓之谷雨茶，民间尤为珍视。林和靖诗云："白云峰下两枪新，腻绿长鲜谷雨春。"谷雨茶得先春时令之气，寒而不烈，消而不峻，传说有起死回生、轻身不老的特殊功效。唐代陆希声有《茗坡》诗："二月山家谷雨天，半坡芳茗露华鲜。春醒酒病兼消渴，惜取新芽旋摘煎。"讲的就是谷雨茶能解酒毒，并对消渴症即糖尿病有较好的治疗作用。清代王草堂的《节物出典》也记载："谷雨日采茶，炒藏合法，能治痰及百病。"

谷雨，谷得雨而生也。农谚说得好：“清明断雪，谷雨断霜。”谷雨之前，昼夜温差大，平均气温低，茶细嫩甜，病虫害少。但谷雨过后，时近暮春，雨阴沉沉，气温渐高，茶趋苦涩，虫害增加。若此后的茶青不再采摘，新茶就不会有农残担忧。若茶树不分季节的过度采摘，轻言不施农药化肥，肯定是弥天大谎。国内的几个名优绿茶产区，像西湖龙井、顾渚紫笋、碧螺春等，茶农一年只采一季春茶，不再做夏秋茶，因此，谷雨前后，茶农立即就对茶树进行全面台刈，养树育芽以待来年。这样的茶，怎么会存在农残之虞呢?

人类的一切苦难，都源于自视过高。忽略了节气的力量与制约，对自然干涉、索求过多，身后有余忘缩手，等到“眼前无路想回头”了，一切已为时过晚。人类文明发展得越快，就意味着其束缚和破坏力愈大，这不能不说是一种巨大的悲哀。

晚唐著名诗僧齐己，共留下三首与谷雨有关的茶诗。其中一首我常常诵读：“春山谷雨前，并手摘芳烟。绿嫩难盈笼，清和易晚天。且招邻院客，试煮落花泉。地远劳相寄，无来又隔年。”诗中表达了雨前茶的娇嫩与稀少。佳茶必择好水泡，不是名泉不合尝。他试着用落花泉的水瀹茶，与隔壁的客人一起分享茶汤里的芬芳。

唐代贯休也有诗：“带香因洗落花泉。”说起落花泉，在我生活的泉城也有一处。泉水从岩壁上渗出，轻轻地滴落在狭小的泉池内，激起圈圈涟漪，犹如落花而得名。泉美茶香异，堂深磬韵迟。不久之前，我与亚伟、海燕、女儿漱玉，专程去落花泉边煎水泡茶。泉水甘冽，茶汤细滑，杯底花香，悠远深长，异于平常，难道是因了泉水的落花之名？

落花泉，在济南是个四季皆美的好地方。未雨草常润，落花泉带香。谷雨过后，炎热的夏天就要来了。至味心难忘，闲情手自煎。届时再约好友，去泉边布席吃茶。临泉喝茶适于消夏，煮茗聆清风，酌杯对花语，何尝不是一种风雅？

立夏

桐木探香韭春窝
夏染春色暑尚微

胜日寻芳建水陶
紫陌红尘初夏饮

桐木探香
韭春窝

喝好茶是一种清福，无疑是轻松自在的，而欲把茶做好，却是需要付出辛苦和诸多努力的。谷雨之后，为了让好友们体验一下做茶的全过程，我带领着济南的素心、于姐、兆华、苏涵，又一次走进了桐木关。

桐木的茶季，阴晴不定。第一天还阴雨连绵，第二天却又风和日丽。昌辉做向导，我们一行六人，带着饭菜，攀山越岭四个小时，才登上桐木关的野韭菜窝。野韭菜窝，海拔1400多米，

烟雨蒙蒙的桐木关

老丛茶树的根部

崖蔽轻雾，林深芊绵。充盈着山野之气，有着苔藓丛韵的私房茶“韭春”，就是由山顶的野茶发酵精制而成的。

“韭春”的缘起，有段精彩故事。那是2009年的五一节过后，我与国内八名茶友，相约来到桐木关的老温家，在温永胜先生的指导下，参加亲手制作金骏眉、见证金骏眉的一个活动。当时的参与人有：武夷山的王映霞、郑州的清欢、北京的蓬蒿、福建的拙饮等友。

在桐木关尽情喝茶的那个夜晚，清风习习，山川寂寂。当我品到野韭菜窝的那款野茶时，顿时眼放异彩。金黄油亮泛着琥珀光泽的茶汤，甜润里夹裹着苔藓丛味的竹木清香，柔韧肥厚的叶底，竟微微散发着野韭菜的花香。我忽有所感地对清欢说：“春来长有探春人，《红楼梦》里有见之忘俗的探春，这款茶按照出身和香气命名，应该叫韭春了。”韭春，是我用心找到的第四款桐木关野生老丛红茶。其他三款分别为红袖添香、携谁隐和自甘心。

在去政和问茶的路上，我把四款茶的名字，一一嵌入诗中：“饮罢夜雨剪春韭，红袖添香夜读书；孤标傲世携谁隐？竹篱茅舍自甘心。”九华山茶会上，记得迎新对我说：“携谁隐的香气，淡淡幽幽，最是平和，名字取得也好。”其实，最满意的，要数红袖添香。最契合我心性的，还是自甘心。

野韭菜窝，在山的最顶部。从山底到山顶，竹密林茂，溪流淙淙。沿途有数棵高大的红豆杉树，遮天蔽日，衰叶覆路，人迹罕至。山里忽阴忽晴，忽惊云雨在头上，却是山前晚照明。我们一路攀山，须拄杖助力，穿竹林，过小溪，苔湿露冷，深一脚浅一脚，举步维艰。上山容易下山难，当我们踉跄下山时，没有不滑倒和摔倒几次的，好在小路上的竹木落叶厚实软和。

山顶的野生茶树，零散分布在竹林和松树之间，枝柯扶疏，遍布着苔藓地衣，绿如春草，千姿百态，极尽原始沧桑之美。茶树尽得自然竹木清气，熏染山野的兰卉草芳，溶于一盏清透的茶汤，具足了佳茗的春色清芬。这里的野生茶树，有些可能已经变异，普遍高大粗壮，树高四五米者比比皆是，有些成熟的叶片大过巴掌。我仔细观察茶树的根部，树龄高达百年以上的老丛，触目皆是。

来自济南的四个朋友，不仅是第一次采茶，也是第一次走进桐木关。从繁华都市突然置身于空旷青翠的原野，表现得特别好奇与兴奋。尤其是穿行于花木、草丛中采茶，自有一番热闹和乐趣。攀援拉扯，俯仰腾挪，十八般武艺全部使出，也采不了多少茶青，可见野茶的采摘之难。我告诉他们，采茶也是修行，要有慈悲心，更要手下留情，不要把一棵树上的新叶全部采光。莫看干枯身寂寞，春来嫩叶又盈枝。适当留下一些新梢，利于茶树的自我修复和健康成长。

当野韭菜花开遍姹紫嫣红的山野，高海拔的韭春始能采摘。

饮罢夜雨剪春韭，是我渴望的田园生活。能把自己隐身草泽，让内心归隐林泉，如此固然不易，但若有一壶“韭春”相伴，山涧的花蜜香气馥郁，原野的清芬丛韵正浓。清雅无争中，口齿噙香，可放浪形骸，亦可陋室发呆。守住心性，做个闲人，任尔滚滚红尘，我自朗月清风。

胜日寻芳
建水陶

每年的无上清凉茶会，精于茶器设计的砚田兄，都会送我一只别具特色的品杯，有他惠风窑烧造的青瓷盏，也有他去建水刻绘、烧造的紫陶茶杯。

在一次小范围的茶聚上，我和小汤、鲁红，在品鉴一款陈期五年的老曼囡时，发现本来以苦著称的曼囡古茶，茶汤在砚田赠送的紫陶杯里，突然变得柔滑而顺口，苦涩度降低了很多。当时，我们均感觉不可思议，马上用清代的青花茶杯重试，经反复比较同一泡的茶汤发现：老的青花瓷品杯，可以提高茶汤的柔软度，而对茶的苦涩滋味，并没有多少改善。

我再泡武夷岩茶，继续比较两个品杯对茶汤的影响和变化。通过仔细比对证实：二者除对汤感有所改善外，对苦涩度的改变相差不大。从此以后，我开始关注建水紫陶与普洱茶的神奇关系，便决定等茶季结束，再去临安古城访陶。

结束了江南茶事，瞥一眼苕水碧流的南浔，作别水蘸桃花的杭州，我甚至来不及做一个六朝繁华的脂粉旧梦，便匆匆远飞云南，从昆明南站坐汽车，重访临安古城。

这临安可不是古杭州的临安，两个古城远隔千里，却有着类似的江南气质与底蕴。诗人于坚这样描写建水：“你家的竹子是我家窗子前的水墨，我家后花园的桃花，是你家前厅的小景。”古城的建筑，一样的翘檐引云，同样的幽窗临月。走在静穆的青石板路上，若不是这里的云更白天更蓝，我定会只把云南作江南，堕入翠竹黄花间了。

从历史悠久的建水古城，到炉火千年的碗窑古村，大概只有三公里。沿路的古窑和满地的陶砾碎瓷，诉说着这个窑火里烧出来的古村落、那段少有人知的水火剥蚀的历史。这里宋代烧过青瓷，元代烧过青花，明代盛产粗陶，到了清代，山里的五色土烧出的紫陶，已是五彩缤纷、目不暇接了。

建水的文脉深厚，源远流长。随便找个做陶的人，都能粗通诗文书画。我眼中才华横溢的半根先生，在能文能武的陶人中，还算不上佼佼者呢！可见滇南礼乐名邦的文风浩荡。

在半根先生的陶作坊，我看到陶人们每做一件器皿，都要经过镇浆制泥、手工拉坯、湿坯装饰、雕刻填泥、高温烧成、无釉磨光等复杂工序。工艺高超的师傅，能够从五色陶土的选择匹配中，大致能猜出自己想要的绚烂肌理效果。传统建水紫陶的最后

抛光工序，是用本地自产的白色细腻的鹅蛋石，一点点磨出其腻若脂的琼玉光泽，而做好这道工艺，需要的是“铁杵磨成针”的体力和毅力。

近年来，建水紫陶的茶器装饰，已婉约融入了诗书画印的技艺。古拙朴厚的金石意趣，让紫陶茶器文韵盎然，魅力独具。与宜兴紫砂相比，建水紫陶是手拉坯成型，而宜兴紫砂，因陶土里含有石英砂颗粒，其工艺只能打片镶嵌成型。同为优良的泡茶器具，建水紫陶更适合瀹泡、品饮普洱茶，它可使熟普的茶汤濡滑甜润，臻于完美；能使生普的茶汤，降低苦涩，滋味协调。

我通过长期的实践和比较认为：陶器对水质和茶汤的改善，取决于陶土含铁量的高低，以及陶器烧造的还原温度与气氛条件。高温条件下烧结的茶器，还原出的铁磁性物质的品位高低，影响着水分子团的极性和大小。建水紫陶较高含量的铁磁性成分，通过磁化软化作用，可使构成茶汤的水分子团，裂变为更小的一级，因此茶汤会趋于更甜更软。另外，建水紫陶具有的良好透气性、吸附性，能明显改善、降低茶汤的苦涩滋味，扶正而祛邪。

关于建水紫陶对普洱茶汤的改善，其他尚未参透的玄机，让我想起慈眉善目的姥姥给予我的启迪：“一方水土滋养一方人。吃饺子要喝饺子汤，原汤可化原食。”诸如此类的看似寻常的生活智慧，不需要费心证悟，只要妙处闲寻，心领意会，便可受益

终生。

天下的万物，都包含着阴阳的变化及相生相克。自然界中，凡有毒物出没的地方，十步之内，必有与它相克的解药。彩云之南的厚土高天，滋生着普洱茶的味最酽。与它同在一片天地上的陶土，烧成的茶器厚德载物，焉能化不掉“本是同根生”的普洱茶的苦涩滋味？正所谓：“茶山之英，含土之精；饮其德者，心恬神宁。”

建水紫陶和云南普洱茶，是游子与故乡的关系。一个疲惫的游子走遍天涯，心灵却很难走出自己的故乡。

比如我，疲惫辗转数年，人生已是日暮斜阳。近年来，却特爱回忆故乡的老屋石磨、庭院矮墙。故乡是一个能够疗伤的地方。建水紫陶和普洱茶，无论在哪里碰到，都是他乡遇故知。真物相生恍惚中。二者相滋相泡，彼此成就的，是一盏天造妙设的醇厚茶汤。

夏染春色
暑尚微

孤姿妍外净，幽馥暑中寒。当洁白的栀子花，悄悄地开满枝头，意味着夏季来了。我常对学生说，栀子花开的奶油香，清新细幽，无风忽鼻端，很近似高等级茶里特有的淡淡奶香。上好的铁观音、凤凰单丛、台湾高山乌龙、武夷岩茶的名丛等，一般都能在开汤之初，捕捉到类栀子花开的幽微香气。

丽景烛春余，清阴澄夏首。红了的樱桃，微酸着枝的青梅，是春尽的余韵。绿了的芭蕉，枝头的残花，摇曳着初夏的清凉。梅花雪，梨花月，总相思。自是春来不觉去偏知。娇嫩的江南绿茶可人，已随春天的红紫芳菲歇去。云南的老寨山深，春去后的大叶种茶树，再抽新芽，却是苦涩滋味较重的雨水茶了。武夷的九曲溪畔、天心庙后，苍郁葱茏的牛栏坑肉桂，等新抽出的春梢，驻芽三四叶后开面采摘。立夏前后，是武夷岩茶、桐木红茶最忙的茶季。山涧里，人头攒动；岩茶村，车水马龙。到了晚

上，更是家家挑灯夜战，通宵达旦，赶着把当天的茶青做成毛茶。此时的九曲、桂林岩茶村的空气中，始终浮荡着做青散发出的醉人清香。

武夷山的三坑两涧（三坑通常是指慧苑坑、牛栏坑、大坑口，两涧是指悟源涧、流香涧），是正岩茶重要的核心产区。传统的三坑两涧，不是很具象的某一个坑或某一条涧，而是指三坑两涧大概能覆盖到的地域。例如倒水坑，从地理上讲，它是慧苑岩的支流，应该并入慧苑坑更为合理。

荼蘼不争春，寂寞开最晚。晚有晚的韵味。在武夷山的岩谷狭缝间，山岚缭绕处，有一种茶，大概要推迟到小满节气开采，我们习惯叫它“不知春”。“不知春”的茶名甚妙，是春天疏忽了它，还是它忘记了春天呢？

相传的“不知春”茶，是在天游峰的谷雨后，被一个书生发现的。那书生对着淡定不争的茶树，触景生情地慨叹：“春过始发芽，真是不知春。”从此，“不知春”的美名，不胫而走，名扬四方。

好茶，不必去争春斗艳，能耐得住寂寞的，自会蓄积更多的清香妙韵，在适合自己的季节里尽情绽放。大器晚成自风流，何必去挤春天的早班车呢？人生当如“不知春”，自己的日子自己过。每个生命个体的自主选择，都值得尊重。

清康熙年间，王草堂《茶说》记载：“武夷茶自谷雨采至立夏，谓之头春；约隔二旬复采，谓之二春；又隔又采，谓之三春。头春叶粗味浓，二春、三春叶渐细，味较薄，且带苦矣。夏末秋初，又采一次，谓之秋露，香更浓，味亦佳。但为来年计，惜之，不能多采耳。”王草堂的记述，应处在武夷绿茶向乌龙茶过渡的时代，因此，过去的武夷茶可能存在着多次采摘现象。今天的武夷正岩茶区，包括桐木关的正山小种红茶，为保证茶的品质，一年只采一季春茶。

无独有偶，曾贵为明清第一贡品的岕茶，其采摘制作时间，也是在每年的立夏前后。冒襄《岕茶汇抄》说：“岕茗产于高山，浑是风露清虚之气，故为可尚。茶以初出雨前者佳，惟罗岕立夏开园，吴中所贵，梗粗叶厚，有萧箬之气。还是夏前六七日，如雀舌者佳，最不易得。岕中之人，非夏前不摘。初试摘者，谓之开园。采自正夏，谓之春茶。”江南才子冒襄，是资深的岕茶爱好者。他说：岕茶山高露冷，立夏前后采的，仍是春茶。立夏前六七天，茶的品质最好。董小宛为他泡出的岕茶，素水兰香，竟有一股婴儿肉香。此“婴儿肉香”，其实是茶氨酸含量较高的早春茶的品质特征。

昨日晴暖，我细品了大茶兄惠赠的夏采岕茶。干茶、汤色、叶底三色碧绿，饮后，茶气勃勃、清冽苦甘，稍具芝兰金石之性。“人无癖不可与交”的张宗子，在品完闵老子的岕茶后说：“这茶香气扑烈，味甚浑厚，此是春茶呀！”

“香幽色白味冷隽”的岕茶，我们已无缘去原汁原味的体会，更莫论奇妙的“作婴儿肉香，芝芬浮荡”的感觉了。岕茶的传统制焙工艺，已失传于雍正年间。道之不存的，不惟有茶。对待岕茶的粗糙外观，包括闵老子、冒襄、张岱、董小宛、钱谦益、柳如是等人，他们几乎是视若不见，这些别茶人，基本都是以质取茶、以品论茶，并没有崇芽贵貌的分别心。他们看重的，是岕茶“梗粗叶厚”的浑厚滋味，以及岕茶的被褐怀玉、幽人自芳。

古人并没有猴急地去吆喝春茶，相反，今天的茶农、茶商，都在不择手段、无节操地炮制春茶，或打催芽剂，或拿川贵茶、

早熟的乌牛早，来冒充开采较晚的西湖龙井、碧螺春等，如此，贩卖的已不是纯粹的茶了，更多的是种无药可医的焦虑与不甘心。

由此可见，好茶并不独属于春天。从春到夏，通过两季的春泽养深，流水香浸，点滴富集，聚气凝香，孕育着岩茶、岕茶等滋味的厚泽深长。一盏好茶，如同有滋有味的生活，需要放慢节奏去细细体会。稍慢一点，多好呀！可把生命相对地拉长。

梨花落尽，春色无多，夏木阴阴正可人。立夏后，暑热渐长，春茶火消，是该喝绿茶的季节了。借得春绿染夏梦，又得浮生一日凉。

紫陌红尘
初夏饮

连雨不知春去，一晴方觉夏深。立夏已三日，我竟然无觉，时间过得真快。泉城花木青翠，细雨轻烟。胜景中，我和朋友们焚香瀹茶，在品一款桐木关的小种生晒茶。

这款茶，干茶青白，气息幽深，喝起来酸酸甜甜，香馨芳幽。茶友们品完高兴地说："这茶的滋味和气息，不就是《山楂树之恋》里静秋的清纯明媚吗？"我答道："清甜中微酸而又有点青涩的滋味，是像初恋的感觉。但叫静秋太具体了，还是叫'山楂树之恋'吧！"

这款妙意深长的茶，是三年前，我在桐木关做茶的一次失误中诞生的。我清晰地记得，茶青是立夏后，在一个桐花盛开着的高海拔山场，按照一芽一叶的标准严格采摘的。当时的鲜叶，大约采了二十余斤。

下山的路上，大雨滂沱。我回到茶厂，便把两袋茶青，堆放到萎凋室的一隅，匆匆地换衣吃饭去了。其后，又是一如既往

的与朋友们品茶、评茶。待到深夜，我才猛然想起那两袋茶青。等急匆匆地打开袋子摊晾时，发现茶青已经有点轻微发酵了。我愧疚地抖而嗅之，茶青粘粘的，酸而不馊，微酸中竟有幽微的奶香味道。我当时就想，既然做不成红茶，不如顺其自然，萎凋生晒，做成白茶。失败为成功之母，中国茶的制作技术与茶类的延伸扩大，不都是在偶然的失误中向前推进、发展的吗?

我把这款茶带回济南，一个月内品饮，青气重且微涩。两个月后，青涩退去，茶汤酸酸甜甜，乳香幽幽，有山楂膏的味道。次年的五台澄观茶会，在山西太山的龙泉寺，我用龙潭的泉水瀹泡，此茶微酸中细幽的妙韵甜香，令人愉悦青目。寺庙的主持恒锋法师说："这是一款令人心生波澜、幽微耐品的妙茶。"

去年的清明，我和丰年兄结伴问茶安吉。用白叶一号茶青，按照曾经失误的方式如法炮制，制作了两批晒青白茶。有趣的是，鲜叶萎凋后，没有经过轻微发酵的晒青白茶，半年后青气不退，苦涩偏重。而鲜叶经过湿闷发酵，酸味中带有淡淡奶香的茶青，其做出的干茶，一个月后青涩退去，茶汤依然酸甜悦人，十水后，淡淡的乳香犹存。

借鉴白茶的工艺，我用安吉的白叶茶，做出的晒青白茶，是名副其实的安吉"白茶"。与烘青工艺的安吉白叶茶相比，晒青白茶的耐泡程度，要高出两倍以上，转化出来的幽淡香韵，实在不可思议。曲径通幽。对茶的认识和探索，我们还在路上。不走点弯路，怎会看到不一样的风景呢？

窗前的紫藤花开了，藤萝垂蔓，浓浓淡淡。茶斋里，清供着一盘麦黄杏与红樱桃，红黄烂漫，煞是养眼。我用老铁壶煎水，小银壶瀹泡前年的“韭春”，招待来自云南、宜兴的茶友。两载的沉寂和静养，“韭春”的火气退去，入口更加醇厚与甜畅。金黄油亮的茶汤，犹如桐木关的春天里，山野竹木草花间漏下的细碎阳光。

古人认为，用金、银茶瓶煎出的水，味道最佳，谓之“富贵汤”。宋徽宗煎水“瓶宜金银。小大之制，惟所裁给”。唐末苏廙在《十六汤品》里说：“汤器之不可舍金银，犹琴之不可舍桐，墨之不可舍胶。”《后唐书》也有记载：“水穿金银若涓滴，不舍茶香之涣散。”茶性本俭，富贵汤于我，如浮云耳。使用铁瓶银壶，我只是手追心慕古人的风雅，品茶还是得真味、知茶意为重。

我平时吃茶，长于佳茗淡泡，注重茶性的寒温相宜、中正平和。“韭春”性偏温润，便辅以茶性偏寒的“暗香盈袖”伴饮。“暗香盈袖”陈放济南，虽不足十年，但已汤色橙红，油亮通透。此茶厚重，喉韵深长。三水涩味退去，回甘迅猛。齿颊留香，舌底鸣泉。有人说，此茶仍存涩味，云南大叶种的茶青，本来茶多酚含量就高，没有涩味，何来的生津呢？

茶浓香短，茶淡趣长。品茗茶淡香远，淡中知味，益于养清

静之和气。我絮叨一番，仍未能说尽茶意。知茶味者，莫若隐居终南山的如济兄，还是读读他新赠我的茶诗吧！诗云：“莫道茶味淡，樱桃有娇颜。铁瓶新汲水，玉盏捧纤纤。”

小满

初夏听雨闲品茗　蜜脂泉瀹宝洪茶
桑葚红了有盈满　九华甘露境闲闲

初夏听雨
闲品茗

济南的雨夜，湿寒气清，蒙蒙漠漠更霏霏。雨打窗棂，点点滴滴生涟漪。

夜深寂静，我拿出冯娟寄来的甜白釉茶杯，娟秀的“清塘”底款映入眼帘。这款玉兰花口杯，一手在握，如盘和田白玉，细腻舒滑。釉白酥润，杯形精神，已臻古人对甜白釉的形容：“白如凝脂，素犹积雪。”

我喜欢甜白釉那种滋润的白，不泛青，不煞白，尤其适合红汤茶的品饮与观赏。讲究喝茶的人，很认同一茶一杯。因为不同材质的杯形和釉色，直接影响着茶汤的观感、茶汤的表现、茶香的萦绕存留等等。器与茶，爱与美，都需要相互成就。因此，当品茶达到一定高度，总要为某类茶，选配一只最能精彩表达它的茶杯。

甜白釉，是明代永乐年间发端的一类白瓷。它是在装饰有暗花刻纹的薄胎器面上，施以温润如玉的白釉。这种高白度的釉水，使器皿显得格外肥厚莹润，又像十六世纪以后，我国刚刚出现的白糖色泽，很容易使人联想到“甜”的感觉，故名“甜白”。

与冯娟相识，缘于九华山的甘露寺茶会。当时，她正为茶会做义工，为我的茶席备茶煎水。茶会不久后的白露，问茶武夷途中，我专程去景德镇拜访了冯娟伉俪。在她的工作室喝茶、赏器，件件甜白茶器，都有着温润如玉的静美。我忍不住问冯娟：“您的茶器烧得非常唯美精致，但‘清塘’的底款更是出彩。清塘别业，当年是颜真卿资助陆羽修建的住所，而结庐于湖州苕溪之滨的清塘别业，又是陆羽《茶经》的成书之处。所以，清塘与

茶的历史渊源，不是几句话能够说清的。”冯娟笑着说：“我幼时居住的老村落，就叫清塘村。您可能没注意，在茶室的门楣上，镶嵌着的那块楷书‘清塘’老石刻，就是我们收藏的清代遗存。”清塘与茶的莫大缘分，草蛇灰线，纠缠不清。这需要几生几世才能修来的福德，我只有羡慕的份。

难得在雨夜里喝茶，就用“云窝红袖”给新杯开开光吧！焚一炷沉香，清凉安静；瀹一壶“红袖”，暖意顿生。室中茶烟袅袅，香气氤氲，茶韵雨意，绵绵无绝。茶是何味？雨是何色？耳畔何音？所思所忆何境？形式已不重要。

若有若无的雨声，如古曲《潇湘夜雨》。赏雨如品茗，有浓淡，有舒缓。听雨能寄情，荡涤尘俗；品茗可淡泊，况味人生。茶盏如玉，曲韵如水，茶韵随曲水流淌，润物无声。曲水伴茶烟清扬，了无痕迹。

流水今日，明月前身。那明月的前身又是什么？我想，一定是茶杯里残余的那滴茶泪吧！此刻的“红袖”，梅馥兰幽，是否也会如我翩思旧忆？在回首它的前世，那曾经的倩影碧透，空灵清醉。

器具精洁，茶愈为之生色。茶汤的清透绯红，衬托出茶杯的莹润素雅。端起茶盏，品杯与唇齿接触的瞬间，杯口的弧度、釉水的熨帖，让口唇有如沐春风的温柔。这种感觉，是妈妈亲吻婴儿的脸颊，才有的细腻与温度。待茶汤入口，柔柔滑滑，身心愉

添袖

悦。杯底留香萦绕，持久地让我不舍放下。这种对茶器的亲近情感，从唐代卢仝的茶诗中，尚可觅到踪影，“平生茶炉为故人，一日不见心生尘。”

世间美物，目不暇接，然而真正令人魂系梦牵的，还是少数能触动内心、忽有所感的东西。让人在使用时，恍然有脂肤荑手的温存质感。良杯之美，更是如此，如玉的温润、自然的雅光、流畅的线条、熨帖的杯沿、盈盈一握的杯形等等。也只有懂茶之人，才能设计出宜茶合手、令人亲近且有温度的茶器，或许这就是艺人和匠人的不同。

啜茗厚甜香细细，无言谁会凭阑意？茶杯虽小，却是我们生活中最亲近的用器，可随心凝视，可寄情鉴赏，可冷温口触，可摩挲把玩。建筑大师汉宝德说：“美，从茶杯开始。”这是富有哲理且很实用的提醒。茶杯虽是寻常，却蕴含着大美。盏瓷釉色里蕴含的诗意美，是寻常生涯里润物无声的渗透与滋养。

我常劝茶友购买杯盏时，不要只图价格低廉。一个好盏，数年后，可能是不愿割舍的雅玩。对于普通家庭，几只精致耐看的茶杯，不会成为生活的负累，却可成为父母子女认识与感受美的契机。一个家庭或一个人，如果不曾把玩或者亲历过精致的雅器，便很难培养出自己的眼力与见地。传统文化的知见，妙在一通与百通之间。

蜜脂泉滃
宝洪茶

知道张充和，是在2008年，我去湘西凤凰一游的意外收获。当时读完了沈从文的《边城》，便忍不住借道去了凤凰古城，去看沱江，看江边的吊脚楼，看吊脚楼上清秀纯真的翠翠的影子。

在凤凰，沿着一条叫廻龙阁的窄窄巷子，我一直向东走，瞻仰了沈从文先生的墓地。在那块孤零零的大石头上，也就是墓碑的背面，我看到了张充和的题字："不折不从，星斗其文。亦慈亦让，赤子其人。"

张充和的楷书，结体端庄灵动，气息高古，难怪书法泰斗沈尹默评价说："张充和是明人学晋人书。"凤凰之行，我对张充和有了较深的印象。后来，又陆陆续续读了数本关于她的书籍。

云南的宝洪茶，我是在张充和的《云龙佛堂即事》诗里初次看到的。其诗云："酒阑琴罢漫思家，小坐蒲团听落花。一曲潇湘云水过，见龙新水宝洪茶。"充和先生的这首诗，写于抗战时

期流寓昆明期间。当时，她借住在昆明的云龙庵，酒阑人空后，抚一曲《潇湘水云》，她坐在佛堂的蒲团上，用云南见龙潭的泉水，瀹泡着清香的宝洪茶。琴罢品茶，人寂寂，她听着窗外簌簌的落花，更加思念处于战火纷飞中的家乡。

宝洪茶质佳量少，据翔实的数据统计，年产量不足五百公斤。宝洪茶，产于云南宜良县宝洪寺周边的宝洪山上，海拔约1800米，种植历史有1200余年。宝洪茶性寒，香高特异，民间流传有“屋内炒茶院外香，院内炒茶过路香，一人泡茶满屋香”的说法。陈化的老茶，具有清火解热的药效。每年的雨水节气开采，清明前五日结束。”

花开的春日，我在云南问茶，寻访宝洪茶不遇。不久，我和能道法师，在昆明的雪林茗居围炉吃茶，当我提起宝洪茶香高难得时，雪林主人慨然相赠一两上等的宝洪茶。

我端坐在茶室里，静赏着赵家珍的古琴《潇湘水云》，蔡兄携一桶带着凉意的泉水进门，并特别强调，这是他新汲的西蜜脂泉水。

蜜脂泉是济南的七十二名泉之一，分东西两处。西蜜脂泉位于五龙潭公园西边的关帝庙中，因泉水甘甜似蜜故名。泉水涌出后，汇合回马泉、净池等泉水流入五龙潭。泉北蜜脂殿内的西墙上，嵌着清道光年间立的石碑，文载：“历邑西城处不数步有蜜脂殿，旁有泉曰蜜脂。邑志所谓西蜜脂也……过此宇者，瞻庙德之威严，睹泉流之涓清，恶念涤而美念溢。”

我接过泉水试饮，新涌的泉水，清凉微甘。古时的泉水怎样？我们只能从文献中回味了。而今城市污染，地下水位下降，泉脉壅塞，尤其是泉池几经干涸，泉水从南山渗透补充过来，水质缺乏历史久远的过滤沉淀，水不如古已是必然。

不能辜负了好水。我对蔡兄说：“那就泡我珍藏的宝洪茶吧！”蔡兄欣然应允道：“难得，难得。”我用银壶煮泉，斗笠油滴盏瀹泡，银勺分茶。好水、好茶，故友、浅夏，霁月难逢，良缘难遇。油滴盏中，蜜脂泉水，瀹泡宝洪春茶。其干茶，嗅来叶气胜花香。入水即沉，清香四溢，片片遇水绽开，笑靥如花堪缱绻。入口的汤甜，不需啜苦而化。稠厚的汤感，如锦缎丝滑。相溶于水的香气，是梨花淡淡，还是如野果熟透？一时难以说清。类果香，偏幽；似花香，又太淡。饮罢，口齿中弥散着的芬芳，又窜鼻而出。品茶沾得素衣香。宝洪茶的香高、水厚、耐泡，除野生紫笋茶外，在绿茶中难有出其右者。

充和先生一生走得很慢，活得很静，看看她的一生，都在习字、作画、吹笛、唱曲、吟诗、喝茶。传统的文化养人，正是这种自然悠闲的慢生活，才使她成为默然清贵的百岁老人、世纪名媛。

2013年的白露，迎新、木白等友，在遗留着唐风宋韵的宝洪寺，举办了一场别开生面的“传香源”无我茶会。茶会结束后，他们当场采茶青，炒制了少量的宝洪茶。深秋时节，我在大唐贡茶院的茶会上，又遇迎新，获赠一两，欣喜万分。春茶难觅，宝洪的白露茶更是难得。宝洪茶芽肥叶厚，杀青压扁难以柔顺成形，故色泽深翠的干茶的外观，不很匀整秀美，但香却是绿茶中的翘楚。

早春的优质、野放绿茶，往往生长慢，叶片厚，难揉捻，不可能具有特别娟秀的外形。又因高温杀青，要炒熟焙干，干茶颜色可能偏于绿黄。茶之为饮，传统是真功夫，好喝是硬道理。惯于以貌取人、附庸风雅者，常会与兰心蕙质的好茶擦肩而过。对此，真正的爱茶人，不可不深思细察。

带同学们苏州游学，体验碧螺春的制作

桑葚红了
有盈满

等故乡的桑葚红了，小满节气就到了。这个时候，也是家乡的春蚕抽丝结茧的季节。

昨日回到故乡，在姥姥家的百年老屋前，徘徊良久。然后，辗转到伴我长大的汇河边溜达溜达。西流的河水，失去了往日的清澈，而那片老桑树结出的桑葚，依然是红中透紫，紫中闪亮，酸酸甜甜。

姥姥家的老房，是座建于清代嘉庆年间的柱梁式厅房。青砖黛瓦，檐牙高啄，从来就是村子里最高的瓦房建筑。慈祥的姥姥生前常对我讲："这座老瓦房，是先用榫卯结构，把柱、梁、檩、椽连接成一个闭合的构架后，再用厚重古朴的大青砖，按功能分区围护砌成。"老房子的正前方，是石砌的月台。月台下面的东南侧，有一棵与房子同龄的大枣树，树干粗至两人合抱。在我童年时，大树已亭亭如盖矣。老枣树与老屋同在，遮阳蔽日，护佑着整个院子。每年的小满前后，花开满树，花落簌簌，蕊黄瓣含新蜜气，香透了这个古老的院落。

点火樱桃，照一架荼蘼如雪。节气是一个鲜活的窗口，故园的枣花，野外的桑葚，墙角的荼蘼，一树樱桃带雨红，皆是朝花夕拾中光阴的大美。远离了故乡的城市生活，吃不到汁水汪汪的麦黄杏，看不到家乡略带忧伤的紫桐花，过眼少了季节的缤纷。看不到春华秋实的起承转合，感受不到时序的春生夏长、秋收冬藏。不接地气的干枯生活，旷日积晷，便会渐渐失去滋养东方圆融智慧的土壤。

幸好还有茶，茶滋日月钟灵，山川毓秀；茶涵川濑氤氲之气，林岚苍翠之色。从茶中，我们还能感受到春夏秋冬的清新气

息，感受到时令节气的自然萌动。

小满这天，茶斋外的一架蔷薇，花开明艳如雪。精于花艺的张晗，剪有趣的旁逸侧枝，用天青色的盘口瓶清供。花下瀹茶也清雅。我用青花盖碗，瀹泡2010年的“红袖添香”。蓬莱的才女静水，点名要喝1986年的正山小种，真是有点舍不得。

这款珍藏近三十年的正山小种，是传统的切碎茶。汤水沉静，红中泛金，甘甜的桂圆香里，略带类似松脂的味道。品饮时，小口啜咽，鼻腔喉吻，陈香弥漫，清凉有时，如啖薄荷糖。同样是这款茶，在2010年的清明，我与清欢诸友，在泸沽湖的暮色里品过。当时共同的感觉，即是茶的松烟味消散，弥留着松脂香，喉韵呈现老茶特有的薄荷凉。传统陈年小种红茶，值得长期密封陈放，老茶的香气已沉潜入水，口腔感受到的是桂圆清甜厚实的粘稠汤感。

茶还没有喝透，古法石磨压制的“清蘅”大树茶，已经到店。我立即打开竹篓，从笋壳包装里取出一饼，与在座的朋友开汤试茶。茶质厚重，汤色橙红，香高气足，可谓小满。《月令七十二候集解》说：“小满者，物致于此，小得盈满。”

对我来讲，小满足就是大幸福，知足常乐。《老子》说：“祸莫大于不知足，咎莫大于欲得。故知足之足，常足矣。”中国的古老智慧，虽埋在故纸堆里，却有着令人脑清目明的特殊功效。在这个拜金和信息疲劳的网络时代，我们匆忙的没有心思去咀嚼古人的训诫，无暇去顾及身边的一朵花开、天上的雁去燕来，甚至常常不知道今夕何夕，更何况与生命息息律动的二十四节气呢？

茶，能让我们在草木中诗意的栖居，在忙里偷闲中，过着有滋有味的生活。到了我这个年龄，再忙，也学会要坐下来，静静地喝一杯茶。心有远山，安于当下。用心去感受季节的流光岁华，从茶中去体会人生的苦中作乐。

读读古人的诗词，看看古人的生活，包括清明的一杯新茶，谷雨的一次花会，夏至的一碗面条，甚至是冬至的一顿饺子，他们都会顺时应季，欣然面对。在不同的季节里，在不同的境地里，他们都会依照节气变化，去调节自己的生活。即使在朝代更迭、兵荒马乱的日子里，他们仍能守住内心，接天引地，把衣食无着、颠沛流离的生活，营造得有滋有味、活色生香。

回头望望，一时的穷富算得了什么？况味的人生，不就是顺和节气的几度春来、几场花开吗？

九华甘露
境闲闲

芒种的前五天，九华甘露无上清凉茶会，在安徽九华山的甘露寺举办。我带着一大箱子茶器，在甘露寺的大殿前，设计布置了茶席“雨花甘露境闲闲”。席名出自唐代刘言史的《登甘露台》，其诗云：“偶至无尘空翠间，雨花甘露境闲闲。身心未寂终为累，非想天中独退还。”

对于甘露寺，同去参加茶会的婉儿这样写道：“因为寺庙地处半山腰，很多朝山的香客不明其里，会直接错过甘露古寺而奔山上去，却也因此而保全了寺院的安静与清净。师父在启圣楼手书‘丛林以无事为兴盛’，其中深意，亦是足以让人收摄身心，净洁语意。”

才女婉儿说的师父，即是甘露寺的现任主持藏学法师。藏学法师幽默率真，融谈锋禅机于诙谐说笑之间，着实让人敬仰。看着花团锦簇、清净庄严的甘露寺，我神往地对藏学法师说：“等退休了，就来这里吃斋念佛、清净喝茶。”不料法师一脸庄严地说：“我佛慈悲，甘露寺不度尔等退休之人。”看着法师又不像开玩笑的样子，我忍俊不禁，却也被一语点醒，如闻棒喝。委实如法师所言，人的修行是不能等的，一蹉成百蹉，时不我待。

茶会这天，百年的甘露寺内，好雨知时，天降甘露。大殿的檐角，雨花轻溅，细雨若帘。茶席上花开寂寂，花落无声。苔痕翠绿的天井，甘露濛濛；席间，茶香弥漫，雨雾香云盘结。茶，又名“甘露”。《宋录》有记：“此甘露也，何言茶茗？”

大雄宝殿前，芭蕉洗翠，雨滴荷圆。甘露寺内，在雨和花交织纷披的妙境中，细品“甘露”，不经意间契合了天意、雨意、茶意和席意。我该如何造境这人寂寂、境闲闲呢？

首先，设席需要开阔明畅，席花必须素雅清淡，最好有点山野之气。茶会前，我冒雨去了山涧，采撷几枝带露的白色野花，经稍加修剪，层次井然地插于黑色的斗笠油滴盏中，俯仰生姿。剑山上覆以翠绿苔藓，保持野花的山间清气。充分利用茶案后碧翠似绢、玲珑入画、叶叶舒卷、雨中潇潇的几丛芭蕉，作为茶席的主要背景。为营造“红了樱桃，绿了芭蕉”的意趣，我选用三只胭脂红的品杯，并列安放在陈旧的月饼花模之上。登时，绿肥红瘦的画卷感，便跃然席上。

由于席面较大，为兼顾分茶方便和取杯品饮的舒适，在茶席的左侧，又摆放了青花囍字品杯五只。考虑到花模左侧的位置较空，我又去寺外的山坡上，采得纤瘦黄花一株，栽于月白色的小水盂内，与木模上的胭脂品杯相互映衬，便有了郁郁黄花、怡

红快绿的意象。精致的茶仓置于左侧，画面是清代汪昂的浅绛仕女。如此，仕女黄花、蕉下客闲的意境，内涵具足。

更为清绝的是，茶会始终，茶香、沉香、檀香、草木花香，氤氲交汇；雨声、琴声、箫声、经声梵唱，此起彼伏；香云、茶烟、薄雾、炭炉水汽，袅娜轻扬。茶会规定的一新二陈三款普洱茶瀹过，我才拿出自己的私房茶冲泡，一款三十年陈的正山小种，松脂香，薄荷凉，又应了无上清凉的茶意。

天渐渐黑下来了，有的茶席上开始掌灯，大雄宝殿里的晚课声起，我轻声提醒端坐在茶席上、正回味着茶香的出家师父："您不去念晚课吗？"不料，师傅开心地说："持正念，喝茶不也是念佛吗？"

我闻之，顿时醍醐灌顶。是啊！法是生活法，禅是生活禅，席中的"甘露"，在心能够放下时，充满着丝缕法味。此时、此景，此情、此境，茶陈器古，火气全退。蕉下客人，如能释骄去燥，温润若茶，莹润如器，焉能不心寂寂，境闲闲？

茶会结束后，我在总结思考， 茶席是吃茶人以茶汤为灵魂，理顺杯、盘、壶、盏的逻辑关系，借景周遭物语，融汇插花、挂画、焚香、造境等技法，营造出的一方人、茶、器、物、境的舒适的美学空间。"雨花甘露境闲闲"的茶席，就是借景九华空翠，如雨落花，在品饮一瓯甘露、体味无上清凉中，营造的一种自在清闲的境地。

芒种

仲夏石上开幽兰　碧螺春红饯花神
采艾端午奕清芳　含熏更有幽兰香

仲夏石上
开幽兰

甘露寺的茶会结束，我与西安的闲影告辞。五台山茶会一别，转眼又是一年，再听她的琴，已如茶的中淡清和，臻于“古声淡无味”了。若再相见，大概是明春的普陀茶会了吧。

下山后，耳畔仍是甘露寺的清凉茶语。到达合肥，与湖南的茗仙、济南的晓东、杭州的恒迦，一起拜访了安徽农大的丁以寿老师。几盏茶里，受教颇多，博学多识的丁教授坦诚爽朗，可亦师亦友。

回到济南，仍不时回忆茶会的诸友，笑意盈盈地斟茶传盏，推心置腹地无私分享，回味润心甘露的那一瓯清凉。茶香琴韵箫声，越陌度阡；清脆的茶鼓声声，犹在耳边。

次日，与孔老师相约，到南山的闲居喝茶。泉城的南部山区，属于泰山的余脉，逶迤起伏，山清水秀。南山茶室，依青山、傍溪流，被一片杏林覆盖着，也算是远离喧嚣的世外桃源了。室外小院，植各色瓜蔬，生机盎然，低首摘菜，悠然南山。松涛阵阵，郁郁苍苍。

野生政和老丛大白茶

摘完蔬菜、瓜果，有人去准备中午的素斋，我们便聚集在小园葳蕤的紫藤树下喝茶，暖阳温煦，山风清凉。我的思绪，还没完全走出九华山的清凉世界。

郑板桥在镇江焦山的别峰庵求学时，曾写过茶联：“汲来江水煮新茗，买尽青山当画屏。”小友从山下汲来新泉，我们则煮新泉，泡旧茗，对面苍翠的青山隐隐，白云缭绕，不自觉就成了山居茶席的画屏。相看两不厌的，不只有敬亭山，还有南山的山色水影，蓊郁之美。若是板桥在世，当茶香勾出了柔情，他必定写诗抒怀，又发感慨。

开汤的，是刚压完饼的政和大白茶，茶青为2008年的高山白牡丹。橙红明亮的茶汤入盏，盏里映照出紫藤垂蔓的花影重重，静美如斯，更衬得山野寂寂，水流淙淙。白茶存放五年，青气散尽，花香彰显，入口有胶质粘稠的甜。六水后，枣香呈现，有清凉感。十水后煮饮，厚重的茶汤里，枣香、木质香、糯米香等老白茶的特点，层层交相展现。鲁姐不解地问：“白茶陈化后，怎么会比某些熟普水厚气足，茶汤也比熟普粘稠甘甜呢？”我说：“淡中知真味，常里识英奇。生态好的大叶种白茶，如人，没有经过杀青、揉捻、发酵、熏染，保持着本然的清净素心。它的转化，如同吃斋念佛人，对于佛陀信仰的那种勇往直前的力量，是保持着不变初心的茶内物质，渐次的自然转化。就像行走在万紫千红的春天里，乱花渐欲迷人眼。当内心真正归于沉静时，就会

豁然开胸次，还是洁白如玉的花朵最养眼，这即是“淡极始知花更艳”，所蕴含的发人深思的哲理。

是茶，总有喝淡的时候。茶毕，便去小溪里检石头，溪水潺潺，清寒逼人。在水藻覆盖下的卵石中，觅得泰山奇石三方。最奇的一方，石质黑绿而白章，其上如挥墨勾勒的幽兰几叶，活泼恣肆，芳姿成趣，尽显兰之风骨。

茶有香，以素雅的兰香为贵，又以幽香淡冷、香远益清为上。香高而腻的，不见得是好茶，故有“香而不清，犹凡品也”的棒喝。因此，兰与茶在冥冥中，一定有我们无法参透的因缘。幽兰石于茶案上清供，有助茶之清雅。张居正说：“夫幽兰之生空谷，非历遐绝景者，莫得而采之，而幽兰不以无采而减其臭；和璞之蕴玄岩，非独鉴冥搜者，谁得而宝之，而和璞不以无识而掩其光。”这方兰石，生于泰山余脉的空谷清涧，想必是因了茶香，才使我们有缘千年一见。石令人古，亦令人幽。觅石在缘，赏石在心，兰印石上，自成风景。置茶室中，兰石与茶香凌风萦回，相映成趣。

自陶渊明写下“采菊东篱下，悠然见南山”，南山渐渐成为一个隐逸的符号。南山有碧水苍苍，有竹林茅舍，有清风白云，有粗茶淡饭，但南山只能是一个偶尔喝喝茶、清清神的道场。大隐隐于市，南山虽好，却过于空寥，不可久居。喝茶不过是日常生活，在南山喝得，在闹市也能喝得。若太过讲究，反倒被其束缚。就如我们的人生，如果设计的步步为营，必定会步步受困，作茧自缚。还是顺其自然吧！道法自然最妙。官窑的茶器虽然精美高贵，但是，与其诚惶诚恐、小心翼翼，倒不如日常的陶瓷茶器用之自在。质朴的器具，更近于茶之大道。

夏夜的阳台上，茉莉花开几朵，香浓韵深。金钟花蓓蕾着，刚刚露出绯红。花梨书桌上，汝窑天青的双耳香炉，青烟袅袅地焚着水沉。把玩着新得的兰石，闲品着幽淡的白鸡冠。窗外鸣虫唧唧，心有所感，为文记之："闲啜三杯茶，静品一炉香。花开五六朵，经读七八章。窗外虫唧唧，室内香袅袅。夜阑更愈深，我心转寂寥。"

碧螺春红
饯花神

不咸不淡的日子，似水流年，不觉已是芒种。小时候，只知道芒种就是忙着种，长大了，读《月令七十二候集解》："五月节，谓有芒之种谷可稼种矣。"才知道芒种是连收带种，昼夜繁忙。即大麦、小麦等有芒作物抢收，晚谷、黍稷等作物播种。我虽离开故乡多年，但少年时期的农村生活经历，让我一粥一餐，仍念稼穑之艰难。

芒种这天，古代又叫女儿节。女儿节的烂漫，可从《红楼梦》中窥见一斑："凡交芒种节的这日，都要设摆各色礼物，祭饯花神，言芒种一过，便是夏日了，众花皆卸，花神退位，须要饯行。"

花谢花飞，芒种这天要为花神饯行；花落花开，迎花神的日子，是在农历的二月初二龙抬头这天。古人迎花神很是郑重，要插花簪花，蒸百花糕，酿百花酒。送花神归位也很热闹，像《红楼梦》中，女儿们要打扮得桃羞杏让，燕妒莺惭。还要洗五枝

汤，煮青梅酒。一迎一送，有去有来，离而不伤，风雅之至。

二十四节气，是国人诗意的信仰。在四季轮转中，它总是留情而去，有信而来。先贤们明白，对花神春去春再回的期待不会落空，所以，即使花神退位，仍感恩地报以隆重热情的欢送。

可热闹，是探春、宝钗、湘云她们的。在大观园一隅的花冢，多愁善感的黛玉，却发出了哀声悲音。“侬今葬花人笑痴，他年葬侬知是谁。试看春残花渐落，便是红颜老死时。 一朝春尽红颜老， 花落人亡两不知。”黛玉不唯伤春，境遇使然。她伤的是，来年花神如约来了，自己是否还会健在？她长吁短叹的是，“人有聚就有散，聚时欢喜，到散时岂不清冷？既清冷，则生伤感，所以不如倒是不聚的好。比如那花开时令人爱慕，谢时则增惆怅，所以倒是不开的好。”唉！这个黛玉，聚与散不过是个形式，不能只看重结果，而忽略了过程的享受。过度敏感的悲观性格，让林黛玉黄土垄中，卿何薄命。

江南的芒种前后，梅子黄熟了，便进入了梅雨季节。梅水可是泡茶的难得好水，旧时民间习惯蓄黄梅季节的天落水，留之烹茶。明代《食物本草》记载：“梅雨时，置大缸收水，煎茶甚美，经夜不变色易味，贮瓶中，可经久。”这也是古人在过去的窘迫里，无法得到纯净水的一种诗意变通。

而今大气的污染，梅水已不堪用。妙玉用旧年蠲的雨水烹茶，以及茶煎梅花雪的唯美曼妙；唐代陆龟蒙“看煮松上雪”的素淡；苏轼的“梦人以雪水烹小团茶，使美人歌以饮”的风雅，已是前尘往事里的烟云旧梦，或已成为后世的美好传说了。

芒种一过，花神退位。我不是个归人，倒像是个素年锦时的过客，所以有必要以茶，来纪念这一场花开荼蘼的青春浮华。

布芒种茶席，焚香以烟喻烟水苍茫。我以一道谷雨后的碧螺春红茶，为退位的花神饯行。茶器择雕梅的德化白瓷，一壶三盏，布置在碧绿的蕉叶之上。黑色的雨滴釉玉壶春瓶，清供一枝丹红欲燃的石榴花开，一蕾一花，疏朗有致。

这款碧螺春红茶，我美其名曰“橘子红了”。它是在谷雨后，精选苏州洞庭西山的小青茶，发酵而成的红茶。谷雨之后，西山的碧螺春茶，梗长叶大，已不适合炒制卷曲如螺、银毫隐翠的碧螺春了。我就和小朱商量着，做点碧螺春的红茶试试。想不到茶青经过揉捻、发酵、焙火后，干茶与茶汤里，会蕴含着明显的橘子花果香气。

茶树有着说不清的灵性。红茶里的橘子香气，若说来自茶园里的橘树，茶染果香，花窨茶味，也不完全正确。因为与茶树交错掩映的，还有大量的枇杷树、梅花树和石榴树呢！

后来我读地方史志，发现西山栽橘的历史悠久。白居易任苏州刺史时，每年亲选西山的“洞庭红”橘子作为贡品。苏东坡的《洞庭春色赋》中，记有西山黄柑酿酒，名为“洞庭春色”。到明代，西山的“洞庭红”橘子已远销南洋。李时珍的《本草纲目》中，也有“橘非洞庭不香”的记载。这橘香盈口的碧螺春红，姑且认为是西山久远植橘的历史遗韵吧。

春天的茶席与茶，再美，也不过是绿肥红瘦。怎奈何如花美眷，终不敌似水流年。该走的必然会走，谁也留将不住。既然走，我们就以茶欢送，不必像黛玉那样涕泪悲歌。小别，是为了来年更美的相聚。

采艾端午

奕清芳

回家的路上，看到路人纷纷购买艾蒿，便知道端午节临近了。我年幼时，深谙药性的爷爷曾告之我，端午节门前插的艾蒿，要选圆叶的家艾，不要选细碎长叶的野艾，缘由不得而知，可能与民间追求圆满吉祥有关吧。

我喜欢艾蒿的药香味浓，喜爱艾蒿的山野清劲。《诗经》有“呦呦鹿鸣，食野之苹”，其中的“苹”，就是指艾蒿。又有“彼采艾兮，一日不见，如三岁兮”。在野气清冽的艾香里，酝酿出的质朴爱情，似乎比华贵庙堂里的滥情，更加绚烂炽热，久远味真。

每年农历的五月初五，为端午节，又称端阳节。汉代的端午，有以兰草汤沐浴去污的习俗，因此，端午节又多了个浴兰节的名字。

之后的端午节，逐渐演变为吃粽子，赛龙舟，挂菖蒲、艾叶，薰苍术、喝雄黄酒等习俗。“樱桃桑椹与菖蒲，更买雄黄酒一壶。”它是祖先们端午生活的写照。“节分端午自谁言，万古传闻为屈原”的说法，不见得准确。因为从端午节的演化来看，不只是为怀念屈原，也有纪念东汉的孝女曹娥、纪念春秋伍子胥的说法。端午节究竟是在纪念谁，我觉得并不重要，但通过这个节日，形成的“采杂药、避五毒”的优良习俗，总结出的未病先防的保健理念，数千年来，不自觉地佑护着灾难深重的华夏子民，并一直传承至今。仅这一点，已经是功德无量了。

就如同茶，任何一类茶，都不可能去治疗某一种具体的疾病，但茶却是“万病之药”。茶通过抗氧化、防辐射、延缓衰老、降糖消脂、镇静安神、杀菌解毒等药理作用，提高人体的免疫力，调整身心的阴阳平衡，做到未病先防，把疾病消灭在萌芽状态，这就是茶作为“万病之药”，对人类的最大贡献。

北方的端午前后，民间有采树梢、草梢的嫩芽，蒸晾晒干，作为代茶饮的习惯。我小的时候，奶奶常在端午这天，去路边采青桐芽，去麦地里采青蒿芽，把它们晒干后，作为一年的保健茶饮。

泰山女儿茶，就是仍可寻觅到的这种民间习惯的例证。清代聂鈫《泰山道里记》记载：“泰山西麓扇子崖之北，旧多青桐，曰青桐涧。山民多到此掘取桐芽，以法炮制，用泰山泉水冲饮，清香爽口。因桐芽鲜嫩如少女，故而有女儿茶的佳名。”也就是说，至少在近代，泰山女儿茶还不属于真正的茶类。据我了解，山东泰山真正引种江南的茶树，是从1966年开始的，其后少量制作的炒青绿茶，出于商业宣传的需要，便冠以女儿茶之名，但此茶已非彼茶。

《红楼梦》中也提到过女儿茶，其中写道：“林之孝家的又向袭人等笑说：‘该沏些普洱茶吃。’袭人晴雯二人忙笑说：‘沏了一铫子女儿茶，已经吃过两碗了’……”此处的“女儿茶”，从上下文的呼应来看，应该是普洱茶的小团茶。清代阮福《普洱茶记》说：“小而圆者，名女儿茶，女儿茶为妇女所采，于雨前得之，即四两重团茶也。”

遥想屈子当年，朝饮木兰之坠露兮，夕餐秋菊之落英。那时的菊馔，最早是生嚼。屈原之后，晋人傅玄亦有赋称菊花“服之者长寿，食之者通神”。宋代的苏轼，一年四季都在食菊。这些历代的高士们，饮露餐花，开创了以花草代茶饮的清雅。

西湖断桥边，雷峰夕照中，美目盼兮的白素贞，是否还会在端午翩然走过，千年等一回？传说达摩一苇渡江，面壁十年，眼皮堕地化为茶树。武夷山的白鸡冠，相传是白娘子洒落的第五滴“爱”的眼泪生成。尽管白鸡冠另有传说，是讲武夷山有个茶农，把一只被青蛇咬死的公鸡，埋在茶树下，那颗茶树就渐渐变成了白鸡冠。

那只公鸡的魂灵，尽管已化作清香淡雅的白鸡冠，我想它对青蛇一定是恨意未消。作为传说，我宁信前者。因为茶是草木之灵，万病之药，广为普济众生，不应心中有恨。那金黄翠白的白

白鸡冠

鸡冠茶树，多么像顾盼生姿、清丽出尘的白素贞呀！

端午的茶席，我采艾南山，和菖蒲同为清供。艾香清苦，菖蒲忘暑，瀹茶白鸡冠。干茶青黄隐白，妖娆阴柔。沸水冲泡，汤黄水滑，清淡香幽，隐隐有玉米花香。入口隽永清凉，淡中始悟真滋味。

去年的端午，安安来到济南，也曾共饮过这款白鸡冠，还有桃花香的台湾乌龙。茶香以清幽的花香、果香为上。像岩茶中的水帘洞肉桂、乌岽的宋种单丛，二者均有鲜明的水蜜桃香气。但泛着桃花香的台湾乌龙茶，我却是平生首次品到。《神农本草经》说：（桃花）“令人好颜色”。不知道安安的这款桃花茶，可有美容之殊效？

含熏更有幽兰香

端午节过完了，透着苇叶清香的粽子味道，在空气里仍若有若无。在传统的端午节里，不应该只有屈原，还应有我童年挂在脖子上的手绣荷包，荷囊内装满了雄黄、艾叶、白术等中药。

读清代袁景澜的《吴郡岁华纪丽》，书中讲述了古人们过端午节，要瓶供蜀葵、菖蒲、石榴等应季花卉，妇女要簪石榴花、艾叶等，药店赠送白术、大黄、雄黄给老顾客，百工停业，欢宴赏节等等。其实，在古时簪花的不惟有女士，还有男士。苏轼诗有“人老簪花不自羞，花应羞上老人头”。重阳节的“遍插茱萸少一人”，也是簪花习俗的沿袭。

看看古人的端午节，过得多么朴实和接地气。五月的天气，进入了炎热而又潮湿的盛夏，蚊、蝇、蛇、蝎、蜈蚣五毒开始活动，细菌、霉菌开始滋生。在端午节这个五月的开端，古人们如何系统地预防疾病，安全度夏，应该是节日的缘起，或是节日里

应该思考的头等大事。

端午后，近佛好茶的素奕从成都来济，相约在茶室喝茶。茶台上清供一枝榴花，胭脂深红；花下一盆刚修完的菖蒲，青翠可人。在泡第一款茶时，她问我："这款蜜香为韵、蘅芷清芬的茶，是什么茶呀？"我告诉她，这是我最钟情的一款普洱生茶，名字叫做"含熏"。

说起"含熏"，我有些情不自禁。这是今年清明前，我问茶云南镇沅的千家寨时，在茶王树对面的山坡上，找到的一款高山野生过渡型群落古树茶。它不同于常见的那些形形色色的茶树，这几株老茶树发出的新芽，却是梗紫叶翠，宛如紫茎绿叶的兰花。记得当时，我忍不住采了几个新芽，放在手里萎凋、揉搓一下，登时便兰香勃发了。

我们常常以兰喻茶，多指的是茶的香气。外形芽叶相连如兰的，除了绿茶中的舒城小兰花、桐木关的某些竹林野茶之外，其他茶的外观，很少有与兰花具象的。我初次在云南见到外形如此像兰的茶，内心非常激动。于是，便和彝族兄弟从采摘一芽两叶开始，到摊青、杀青、揉捻、晒青，石磨压制、自然晾干，笋壳包装，我都全程参与。为的是保证做茶的每一环节不能出错，在保持全程传统手工的条件下，试试外形酷似兰花的茶，能否焕发出细幽的兰花香韵?

等把茶做完，果然不出所料，芳菲菲兮袭予，一开汤的幽馥

其芳，良可惊叹。汤色杏黄明亮，入口细腻顺滑，不苦不涩，蜜香清甜。浑厚悠长的杯底香，萦绕熏衣。我兴奋地对众人讲，这茶的名字就叫“含熏”了。只有在青藤绕蔓、苍翠原始的山涧，有良好的生态，才会生长出品质绝佳的好茶。茶是在阳崖阴林里，通过光合作用长成的。茶的品质，会一丝不苟地反映着它所处的山山水水、朝晖夕阴。因此，与其说是在品茶，不如说是品鉴茶的生态气息更为准确。

有兰似茶，幽香清远；遇茶若兰，妙尽天然。茶与中国的传统器物一样，都是妙物自有风骨，无意于佳乃佳。

品与自己内心契合的茶，尤其是自己亲手做的茶，是一种与茶的亲密对话。汤柔水滑里，有说不出的亲近与甜畅。

夏至

自笑禅心如枯木　五台澄观心清凉
夏至饮绿一阴生　虞美人映白牡丹

自笑禅心如枯木

2010年的初春，我在景迈的万亩古茶园问茶，在草木深处，捡到一段古茶树的朽木，瘦漏透皱，形奇韵美，颇耐玩味。我和同行的朋友戏语，不要轻视这方朽木，它本是茶树的舍利！

夏至后，滇中迎新邀我参与五台澄观茶会，并出一茶席。我思索良久，遂拟一席“枯木问禅”。

枯木禅，源出临济一脉。临济、曹洞两宗，皆属禅宗的一花开五叶。临济宗直截，曹洞宗委婉，日本茶道的形成，更多地受到曹洞一宗影响。关于枯木禅，《五灯会元》有段公案：“昔有婆子，供养一庵主，经二十年。常令一二八女子送饭给侍。一日令女子抱定。曰：正恁么时如何？主曰：枯木倚寒岩，三冬无暖气。女子举似婆。婆曰：我二十年只供养得个俗汉。遂遣出，烧却庵。”从此段故事能够看出，婆婆希望自己供养的庵主，首先应该是一个有血有肉、有情怀的人，而不是一段只知念佛打坐、诸事不问、脱离现实生活的枯木。

由此可以窥见，枯木禅并非是一昧死寂，而是通过止息妄念，恢复活泼泼的自性妙用，格物明理，得大自在。自笑禅心如枯木，花枝相伴也无妨？其旨趣在于枯木逢春，自然而然，在尘出尘，在色不染。掬水月在手，天心月圆；弄花香满衣，花枝春满。

无上清凉茶会的第一场，位于距太原23公里的龙泉寺庙内。我的枯木问禅茶席，设在佛祖阁的入口处，庇荫在两株沧桑千年的唐槐树下，西北向正对着一株飞龙松。古松蜿蜒盘旋，宛如龙飞云天。我和国内诸友，布席吃茶于此，僧寮、松风、竹月、凉台，风月无边，茶未饮而意趣盎然矣。

我用景迈古茶树的那方枯木，补足茶席的余白。在枯木的皴裂处，随手搭一细叶的青藤绿蔓，取其“枯木逢春犹再发”的旨趣。席花原本要清供一枝娇媚含情的芍药，与枯木顾盼生姿，倒是别具韵味。奈何花是寺僧辛苦所植，我不忍索要。幸好在龙神祠的一隅，有数丛野生蜀葵，胭脂水红开得正艳，遂采一枝一花备用。

记得在布置茶席时，湖南的茗仙姐提醒，插花不必刻意整理花姿，最好要保持它的自然状态。是啊，美在清新天然。茶席的供花，理应如花在野，稍具野趣，席间自会充盈清劲朗润之气。

寺院的主持恒峰法师，为茶会开示并宣布开幕。第一道茶，瀹泡2004年的景迈古树茶，西安的闲影抚琴。第二道茶，瀹泡九十年代的勐海熟散，太原的居士横笛。龙泉寺的水质清凉甘甜，唯有小憾就是水质过硬，茶香不扬，厚度不显。然而，摩挲经笥须知足，能在这钟灵毓秀之地，千年古树之下，单饮一杯龙泉的水，已是莫大的清福了，何况在这林壑幽深的清净之地，还有茶友清逸，琴笛清远，茶烟清徐，麝檀清芬。于此得茶味，知茶意，早已胜过平时的牛饮无数了。

席间与枯木对坐，亦如盏茶。茶为嘉木，枯索静寂，遇水绽放舒展，犹如枯木之逢春天。《金刚经》云："于法不说断灭相。"茶树的枯木与干茶的萎叶，同种同源，均在枯寂中蕴含着春意盎然的生命律动，沉潜着鸢飞鱼跃的生机勃勃。茶所包含的色、香、味、形、韵，皆是因缘和合，可生于有，也可弥散于无，唯有茶性的清净，无染的澄明，却如"竹影扫阶尘不动，月穿潭底水无痕"。

五台澄观
心清凉

太原龙泉寺的茶会结束，半夜里磕绊着下山，回到宾馆，我便去购农夫山泉，与清欢、茗仙、四季轩诸友，在宾馆的茶几上焚香设席，老铁壶煎水，瀹茶宋种东方红。茶汤入口香满齿颊，但觉水路稍粗。随后，瀹泡茗仙带来的蜜兰香单丛，汤色橙黄，山韵幽芳。

不久，木白、李静等友推门而入，笑着说，他们一行刚刚摸黑下山。难怪个个“发滋山中花清露，衣上犹沾佛院苔”呢。又瀹两泡正岩茶，依依散去。人不眠，茶不孤。每年的茶会，聚来的是一群口齿噙香、衔着茶香入梦的人。

次日，登五台山，在关帝庙内，煮南梁沟上游的泉水，重品昨晚的宋种东方红，竟然香幽水细。茗仙姐娴熟的碗泡君山银针，堆绿叠翠，香清沁人。通过今日与昨晚的比对，同一款茶在两种水里的殊异表现，基本可以做出判断，五台山的泉水瀹茶，好过农夫山泉许多。单品五台的泉水，竟也清轻甘活。白居易有诗：“蜀茶寄到但惊新，渭水煎来始觉珍。”好水益茶，事半而功倍。

下午的茶会伊始，妙荣法师主持法事，洒扫起香，梵呗声声，妙音绕梁。关帝庙中，我布的这席茶，仍旧是“枯木问禅”，不过，此次寻来的这方天然虬曲的枯木，是有生命的，自身荣枯相生，俯仰成趣。奇就奇在它的根部，竟有一翠绿鲜活的桠枝横斜出来，生机盎然。

这席茶，除杯盏外，席间的壶承，盏托，香置等，皆是从周边的幽谷清涧里觅来的。例如：水冲的卵石薄片，就是最好的茶托、壶承。如苏轼云：“惟江上之清风，与山间之明月，耳得之而为声，目遇之而成色，取之无禁，用之不竭，是造物者之无尽藏也。”一个茶席所需的器物，取之自然，得之天然，质朴无华而又不失规矩，就是最近道、最精妙的设计。

席间的枯木新枝，培植在古旧的瓦当之内。瓦当内，储清泉并填以卵石，枯木虬曲向左斜倚，卵石间插野韭菜花两枝，取右偏态势。根生翠绿小丫枝的这段枯木，底部覆以青苔，有淡紫色的伞状素花映照，有点像西子捧心而颦了。黄庭坚曾说：“虽云病处，乃自成妍。”“外枯而中膏，似澹而实美。”看似平淡，能使人回味的，就不只是简单。

席上的器具之间，相互照应，错落有致。分茶路线，不粘不滞，气韵流动。茶席的极简，不是缺三少四，而是具足了实用与美之后的不事雕琢。

关帝庙中，白云怡意，清茶洗心。诸友在美席盏畔，相处甚欢。待到秉烛夜谈，天心月圆，始尽兴而散。

忘不了关帝庙的夜晚，一行近百人，品着安化黑茶，聆听妙荣法师关于禅茶一味、佛壶同体的开示。好山场的安化茶，那种特有的清冽野鹜之气，在禅堂里竟也变得圆融温和。杯水见禅心，丝缕有法味。茶有茶的滋味，禅有禅的味道，无非都是拿起、放下。自性本清净，不求而自得。妙荣法师一句“恭敬产生利益”，让我悟得茶中三昧。把万缘放下，恭敬心生起，才能利益你、我及一起众生。茶与人生，缺少的不就是恭敬心吗？

忘不了显通寺的无上清凉妙高处，与木白、黄良等友，随演平法师在他的书斋里喝茶，看他习字、泡茶、为我们说法。红

红袖添香的汤色

袖添香的汤滑温润，昔归古树的气清朗劲，阴阳交融中，花香氤氲，一味清净，法喜禅悦。

更忘不了五台茶会的晦明朝夕，清凉境中，与诸友的月下品茗，溪畔煮茶。触目巅峦雄旷，翠霭浮空；细草杂花，犹铺锦然。其胜境如诗中所言：“群峰面面拥奇观，朝雨和烟积翠峦。策杖千山浑不倦，披裘六月尚余寒。”

岚影交窗翠，松影入座浓。五台清凉境，茶韵弥散中。告别妙荣法师，惜别诸友。万重山峦的松风月明、浅翠深青，不及这一席茶中的款款深情。临别无所赠，徒手揖清芬。

夏至饮绿
一阴生

冬至饺子夏至面。在我们北方，夏至这天一定是要吃面的。我姥姥常说：“吃了夏至面，一天短一天。”

夏至一阴生。任何事物的变化，都是物极必反。重阳必阴，热极生寒，从阳气最盛的夏至这天开始，阴气开始萌动了。表现在自然界中，那些对阴气比较敏感的动植物开始出现。我们能见到的，像是知了振翼而鸣，半夏生长，木槿花欣欣向荣，等等。

“有女同车，颜如舜华。”舜华，就是朝开暮落的木槿花。我对木槿花并不陌生，在故乡的老院子里，门前有一株粉红的木槿，还有一棵酸杏树。从内心亲近木槿，是因为木槿花好吃，嚼起来甜甜黏黏，可解缺乏零食的嘴馋。在那个糖果都是奢侈品的七十年代，木槿花的存在，成了我最甜美的童年记忆。况且，木槿花还可以油煎与裹面炸食，真的是食品匮乏时代的美味。

等我大些了，便常在木槿树下看书喝茶。无论灿若云霞的木槿花，开和不开，落与未落，这树夏日的荫凉，都会是我的依

茶山深处的木槿花开

恋。我喝茶的历史，大概是从对这树木槿花开建立记忆开始的。喝茶的具体缘起，早已模糊了，可能是对大人的模仿，抑或嫌弃地表水的难以下咽。我常用的是一个白色搪瓷缸子，从爷爷的粗瓷茶罐里，抓一把茉莉花，或者是一把莱芜老干烘，先放茶，后倒水。待茶水稍微冷却，便是咕咕咚咚一阵猛喝，喝完了再去续水，正如董日铸所言：以为“浓、热、满三字近茶理”。

那时候，对于喝什么茶，不可能有要求，完全是随机的。那时的茶，基本都是集市上最便宜的粗茶，喝起来苦苦的、涩涩的、酽酽的。当然，那样的粗茶，也品不出回甘和其香如兰。尽管如此，我从小对茶的记忆，幸好有木槿花的清影照水，还是有些诗意的。

参加工作后，我开始接触等级较高的绿茶，尤其是在赤日炎炎的夏季，畅饮一杯翠绿春深，足以抵御似火的骄阳煎熬。一碗喉吻润，心生清凉意。暑热的烦躁难耐，竟被茶化解为清和妙时，这就是绿茶祛暑安神的玄功。

夏至这天，我一早来到茶斋，清供一枝白瓣蕊黄的木槿，沐手焚香，诵完《金刚经》后，便起身安排夏至的清凉茶会。择茶、煮水、涤器、瀹绿。茶品共有四道，安排都雪冲泡龙池凝碧和安吉白茶，由鲁姐用上投法，冲泡较嫩的径山绿茶和湄潭翠芽。

龙池凝碧，是赵恩语先生亲手炒制的绿茶。老先生隐居九华山36年，著文做茶。他炒制的传统绿茶，香气清幽含蓄，甘甜中有一股山野清冷之气弥漫齿颊。

径山绿茶，一芽一叶，烘青工艺保留其清香翠绿。玻璃杯中冲泡，如兰花朵朵绽放。径山茶独特的板栗香，又似兰香，味道鲜爽特异，饮毕喉韵绵绵无绝。径山茶在市场所见不多，但其历史的悠久、底蕴的深厚，是其他绿茶难以望其项背的。

径山茶，始于唐，闻名于宋。径山是日本茶道的发源地。南宋时，日本高僧圣一禅师与大应禅师，在径山研究佛学，归国时带走了径山的茶籽，从此，日本茶道随着径山的茶籽，在日本生根、发芽、开花、结果。同时，禅师们从径山带走的，还有径山茶宴、茶会的模式与礼仪。日本《类聚名物考》记载："茶宴之起，正元年中（1259），驻前国崇福寺开山南浦绍明，入唐时宋世也，到径山寺谒虚堂，而传其法而皈。”其中最著名的茶器，还有产于福建建阳的褐色黑盏。因径山是天目山的东北峰，所以，建盏在日本又叫天目盏。

湄潭翠芽，外形嫩绿，形似葵花籽，是我喝到的最养眼的绿茶。香气清芬扑鼻，茶芽弯弯似少女的秀眉，那种在水中交互起伏的赏心悦目，让我想起杜甫的“嫩蕊商量细细开”。

荒山坪的大叶安吉白茶，是大茶兄赠送的。外观黄绿粗放，叶片肥厚卷曲，无梗无芽，外形近似六安瓜片。但品起来却是水细甘甜，类似玉米花的香气高扬，其水厚和耐泡程度，均胜过之前的明前芽茶。桐花万里丹山路，雏凤清于老凤声。对茶而言，则是未必。西湖龙井老茶树的成茶品质，要比新培育的早熟品种高出数截。而一芽一叶、一芽两叶的绿茶，其耐泡度和香气、滋味，也要好过形美的单芽茶许多。

骄阳渐近暑徘徊，一夜生阴夏九来。夏季人体外热而里寒，要注意呵护体内不足的阳气，以维持身体的阴阳平衡。最智慧的茶饮之道，即是顺从四时、节气的阴阳变化，身心保持与自然的息息律动。《黄帝内经》云：“逆之则灾害生，从之则苛疾不起。”因此，夏至饮茶，不贪生冷，也不要只图痛快。对寒性较重的普洱生茶、清香型的铁观音等，不宜过浓、过量饮用。量变总会引起质变，过浓的茶都会偏寒。对于任何的茶类，都有解暑清热功效，但皆须适可而止为妙。

虞美人映
白牡丹

去茶斋的路上，看到山下的虞美人娇艳地开着，我不由得驻足观赏。虞美人吐红挂翠，极像罂粟花，但没有罂粟花的浓香。它开得袅袅娉娉娇无力，姿容大有中国古典仕女的风韵。《花镜》描述虞美人："单瓣丛心，五色俱备，姿态葱秀，常迎风飞舞，俨如蝶翅扇动，亦花中之妙品。"

《虞美人》的词调，原是唐代吟咏虞姬的教坊曲，因其缠绵旖旎，才被文人推崇，便成了著名的词牌名。虞美人是花中的妙品，按韵填词的词牌《虞美人》，更是词中的婉转妙音。如李后主的绝命词"春花秋月何时了"。

有人说，垓下之战的虞姬，在听完项羽的慷慨悲歌之后，便怆然挥剑，以歌和之，舞罢自刎。一代美人，香消玉殒后，鲜血上开出了虞美人花。

我回到茶斋，虞美人的艳丽藏悲，娇媚含怨，仍挥之不去。这首美人曲，从唐代一路逶迤而来，一唱三叹。我的意识仿佛穿越到唐代，见有美人怀抱琵琶，轻拢慢捻抹复挑，轻吟浅唱着虞美人。女人的韶华，是经不起寂寞弹唱的，弹着弹着，黑发渐渐成雪，就老去了。

有一种茶叫白牡丹，却是新茶“银装素裹”，形似花朵，不惧时光流年。即使老去，也会变得香气迷人，汤如朝霞。茶的老，不是红颜劫灰，是凤凰涅槃，浴火重生。唐代卢仝的七碗茶诗里，有“五碗肌骨清”。当茶喝到第五碗时，肌骨会变得清灵

美丽。若果真如此，唐代的美人们，不仅渴望自己像茶，而且也会主动地学会喝茶，茶中自有心颜如玉。

白牡丹茶，传说是由白色的牡丹花变成的。类似茶的传说很多，故事编得既缺乏常识，又过于牵强附会，不必深入探究。白牡丹茶，其实是政和、福鼎的大白茶品种，茶青采摘一芽一叶或一芽两叶，不炒不揉，经过萎凋和低温干燥而成。它以灰绿色的叶片夹着银白色的毫芽，形似花朵，冲泡之后绿叶托着嫩芽，宛若牡丹的蓓蕾初开，故名。

昨天灵芝来茶斋喝茶，还问起白牡丹与寿眉的区别呢？白牡丹和寿眉，毫芽的大小有所区别，寿眉的芽长低于2cm，而大白的芽长至少在3cm以上。二者最本质的区别，在于茶树品种的不同。白牡丹属于大白茶，采自无性繁殖培育的中叶或大叶种乔木型茶树。而寿眉属于小白茶，来自当地名为“菜茶”的有性群体品种。在福建的茶区，一般把种子繁殖的小叶种灌木茶树，称为“菜茶”。少于修剪的大白茶树，枝繁叶茂，茶丛多在一人多高。在政和的高海拔茶山上，我见过很多野放的老丛大白茶树，单株多在四米多高。

昨天品的白牡丹，是当年的新茶，一芽两叶，叶灰绿而毫白，干茶细嗅有雨后草甸的清香。高温水冲泡，汤色淡黄，滋味清甜，入口有津，香若野菊。又泡一款五年陈期的白毫银针，干茶无香，芽毫肥壮，年轻时的毫白，已见微黄。开汤橘黄清亮，入口甜润，回甘悠长，香气清雅，如梨花初绽。这样的茶，温品尤妙，如啖秋梨。

清晨几枝红花，昨日一席白茶，绚烂和素淡，不过在一水之间。如是在繁华落尽、华鬓染霜之际，仍可安之若素、啜之淡然，未尝不是一种人生的觉醒与通透。仔细想想，世间没有多少事物能像茶一样，青春时素淡，经过跌宕的沧桑流年，在水中还能泛出本真的醉人红颜。

白茶的素白味淡，源于简单环保的加工方式。不炒不揉的茶，保持了年少时的清浅笑靥，素朴纯真。三五载的陈化后，青涩的草香气退去，渐渐滋生出令人心动的情愫。仅仅是这淡淡的秋梨香，就清凉甜润得让我无法相忘。我多次品过原政和茶厂，1982年出口的一款老白茶，陈期已过三十年，叶片黑红，已碎片化，水沸瀹之，色深红，汤油亮，入口粘稠甘甜。前五水，木香、粽叶香、药香融为一体。后五水，越饮越甜，以木香和粽叶香为主导，但淡淡的沉香和药香，仍会出没其间。十水后，老茶特有的汗感，喉咽部的清凉感，茶汤入腹的温暖感，老茶饮完的饱胀感，同时具备且表现得淋漓尽致。

“质有余也，不受饰也。”孔老夫子的这句名言，最适合形容白茶之美。它出身清寒简单，没有虞美人与生俱来的富贵灿烂，但在清淡的时光里，它仍如清水芙蓉，素朴明媚，以一叶之微，淡然直面岁月的雕琢。

小暑

小暑听琴老茶香
教女学做荷花茶

凭海临风口噙香
照水芙蕖细细香

小暑听琴
老茶香

倏忽温风至，因循小暑来。一年过半，便是小暑时节。

小暑这天，赵家珍老师的古琴独奏会，在北京音乐厅如期举行。我和济南的诸友，乘高铁来到北京。盛大肃穆的晚会，赵老师抚琴《普安咒》开场，空灵清寂。最销魂的是，古琴与尺八合奏的《平沙落雁》。尺八伴奏，如泣如诉，如怨如慕。尺八音色独特，辽阔苍凉而有古味。音色虽美，但偏于孤寂愁怨，不可久闻。尺八以管长一尺八寸而得名，相传为隋唐宫廷的主要乐器，到了宋代变成五孔尺八，后经日本的遣唐僧东传日本，遗传至今。

曲终人散的夜深，大雨滂沱，冒雨来到苏兄位于国子监的茶室。老友、老屋、老茶，瘦竹影窗，秉烛夜饮。悠悠淡淡的熏香清凉境里，苏兄银壶煮水，朱泥壶瀹泡“龙马同庆”老茶。汤如血珀，厚滑沉凝，参香、药香、陈香，香溶于水。柔滑的茶汤，入口即化。三水直喝得微汗涔涔。茶过数巡，尾水木香味浓，甘甜清润。古声淡无味，老茶陈更香。一款老茶，历经岁月砥砺，

淡去苦涩滋味，丰厚草木陈香，把原本属于青春的刚猛烈酽，悄悄地隐藏在浓厚的茶汤里，润物无声。人当如茶，必要的蛰伏，是沉淀，是等待。伏久者，飞必高。

茶很简单，有诸内必形之于外。每一款老茶，都是不同内质的茶，在各自存储条件下的照见。普洱的小树茶，如人之少年，血气方刚，苦涩锐利，滋味协调性差。虽香气高扬，但厚重、韵味欠佳。百年的大树茶，阅尽春色，如百岁老人，淡泊沉静。其茶汤稠厚，滋味平和；香气丰富，余韵悠长；苦涩不彰，回甘生津尤佳。

传统石磨新压的茶饼，条索黑绿，微微泛黄，白毫点缀其间，如翠叶有芒。陈化经年的老茶，饼面油润，金毫彰显；饼面的边缘，会有些松散；香透棉纸，其上或有红褐的茶泪浸渍。其汤色由橙黄、橙红、石榴红、宝石红，最后转为深沉的酒红色；香气会从青草香、花香、蜜香，逐渐转变为花果香，乃至令人愉悦的陈香、药香、枣香、木香等。茶由新到老，滋味从峻烈转为平和；汤感从凌厉变得厚滑；茶气从刚猛强烈，逐渐变得含蓄内敛且渗透性增强；茶性从清寒慢慢变得温情脉脉。茶如四季，苦寒退去，就是人间的四月天。

第二天，我和冀川兄去晚香茶舍，拜访了台湾的李老师。在光影玲珑的素雅茶空间，我又看到了那只李老师视若珍宝的白瓷茶杯。这是一个曾经碎过，焗了二十余个铁钉的普通老杯，此

暗香盈袖饼茶

刻仍能吸引我的目光，让我流连驻足，让我感慨万千。李老师曾说："品杯是茶人的衣裳。"一个"敝帚虽微亦自珍"的人，一定是一个有温柔情怀、对茶充满爱心、敬天惜物的真正茶人。悠然与心会，物物皆冲融。我常对学生说，学生和老师需要相互认同，教学相长。知遇一位合格的习茶老师，就是一个寻找被褐怀玉、清香如茶的茶人的过程。

在一布好的古典茶席上，李老师用五行陶壶煎水，瀹泡一款条索褐红的老茶，那是一泡1949年的老铁观音。我望着青花老盏里，弥漫着茶烟水汽的宝石红茶汤，始信一茶一盏其中所蕴含的全部意义。茶与盏的匹配，犹如伯牙子期，高山流水。茶汤入口，汤感濡滑，气息温润，参香怡人，喉吻清凉，不时，后背已是温暖微汗了。老茶亦如有智慧的老人，外表貌不惊人，不再靓丽，甚至有些邋遢，但却蕴藏着能迅速渗透血脉、温暖周身的力量。

对于古琴，现代人追求金石般的清亮声响。对于品杯，有些人热衷于釉面开片或画工繁杂的器皿。对于茶，习茶人偏于追求轻火与高香。人们过分地追求事物的美丽表象，是因为眼睛无法感受到心灵折射出的含蓄幽光。要想成为真正的茶人，还需读透该读的书，走过该走的路，并时时关注自己的内心方可。琴、器、茶、人的内蕴之美，传统上是以和田玉的“温润以泽”作为标准的。从那只焗满钉子的啜香旧杯上，或许我们能够悟到些什么。

凭海临风
口噙香

年复一年，当济南暑热难捱时，我便如候鸟一般，携女儿漱玉去海边陋室，凭海临风、读书喝茶，消磨数日。

尤其是黄昏，我喜欢斜倚在宽大的露台上，喝茶盘玉，读书沉思。也常让漱玉陪我在这里喝茶，随意布个小席，插枝野逸的小花，找束清素的绿草，让12岁的女儿通过亲近茶，感受自然和传统之美。有时候，茶席上会有不请自来的蛐蛐、蝈蝈，在杯盏间腾挪跳跃，惹得女儿手忙脚乱。这才是生动自然的茶席呢！席间不唯有茶香，更有生命气息萦绕在茶席间的怦然。

在海边，我一般用自来水泡茶，有时也去数里外的山下，觅泉汲水。海边的自来水，略带海苔的味道，有几分像老丛水仙的丛韵。好茶自有一种清芬萦绕，水质稍差时，可把水多煮沸几次，然后再去高温瀹泡，如此，则瑕不掩瑜。

在海边随意的喝茶，是闲中静品，淡中自有芬芳。在这里陪

女儿漱玉

女儿喝茶，没有功利，没有刻意。因此，我带来的私房茶，都无需洗茶。好茶来自云雾高山，幽谷深涧，金玉不足喻其质，与世人相比，茶要纯净许多。

海边的生活，简单而有规律。早上带孩子去市场买菜，漱玉非要买活蹦乱跳的基围虾。我告诉孩子："万物有灵且美。古人对待生命，扫地恐伤蝼蚁命，爱惜飞蛾纱罩灯。你不是常说，小动物是你的好朋友吗？旁边刚死去的虾，既新鲜，每斤又可便宜15元，购之岂不两全其美？" 可爱的女儿听明白了，便会破涕为笑。不主动杀生就是放生，不必为了口腹之欲，去结些莫名的恶缘。

下午，我一般带孩子去海边游泳。我常告诫女儿，要熟练学会游泳，父母和你相伴的日子毕竟有限，人世间水火无情，游泳是无常的生命中，能够实现自救的基本生存技能之一。

我喜欢这片海滩，沙细，滩缓，水美，山奇，如此银白柔软的百里沙滩，我只在广西的北海、海南的三亚见过。今年的海水中，已见有缕缕的浒苔招摇。丝丝的浒苔，是大海无言的伤悲，是无法承受水体污染的大自然，对人类最后的警告。我作为一个大海的过客，只会在上岸休息时，和孩子一起，尽自己所能，将冲击到岸边的浒苔收集起来，深深地掩埋在沙子里。

我感到欣慰，孩子独自在波涛风浪里击水，游弋自如。我希望孩子的眼里，有清风明月，有大海沙滩。也要去尽可能的经风雨、见世面。脑子里只有功课作业，童年和青春经不起回忆的孩子，无疑是可怜可悲的。

傍晚，我陪孩子去海边荡秋千，散散步，然后喝茶清谈。看海上生明月，观潮起潮落。在海天一色里，漱玉能够很有感觉地吟诵张若虚的《春江花月夜》。优秀的古诗文，不仅需要熟诵，而且最好能创造条件，把自己的身心也一起融入诗境，用心灵，用一生，去慢慢咀嚼和体悟。

教女学做荷花茶

海边陋室的栖居生活，让我躲开酷暑，得几日清凉。远离都市的喧嚣与车马劳顿，让自己沐浴在水光山色里，心灵才能真正安定下来。

在海边小居度假，一切突然变得轻快简单。无电视之烦扰，无网络之劳神。即使打着赤膊、穿着拖鞋，草帽遮颜过闹市，也无需在意什么。 素朴的生活，让我没有太多的欲望。一碗饭，一盏茶，一卷书，一枝花，就是一日的清清淡淡。生活的一切，依靠双脚和自行车，都能很环保地解决。远离电视和网络，买菜做饭，读书喝茶，让我平静了很多。于事于物，进退有盈，多了沉思，少了愤青。把自己融入自然后，进入视野的一切事务和困扰，便会很轻松地迎刃而解。

我常在海边散步，盘着一块老玉，不必西装革履，无须谨言慎行，不会因衣劣而露怯，不会因室陋而自卑。在皎皎明澈的海边，世人追捧的许多奢侈品，可能会成为累赘。圣初法师喝茶时曾对我说："自傲于人，一定是为了掩饰内心的自卑。"海边的生活，简单而朴素。豪华与奢侈，融不进天蓝云白和山长水阔。于此，我甚至困惑过，蜗居在污浊焦躁、水深火热的都市中，为名忙，为利往，尔虞我诈，虚苦劳神，是否是人生的必须?

女儿常喃喃自语地说，海边的天真蓝，云真白。我告诉女儿，有白云飘着的天空，是诗意的。在蓝蓝的天空下生长，是健康的。身居神清气爽的栖息之地，心灵会变得洁净，神情会变得安详。新鲜的空气，比不必要的物质更重要。都市虽好，灰灰的天空里，滋生着灰灰的心情，浮尘遮望眼，怎会看得远?

我和女儿在小区北侧的荷塘边散步，晚霞染红了竞相开放的白荷。女儿突然对我说："如果你有足够的钱，就去买一栋海边的别墅吧！"我笑着对孩子说："如果人有无限的欲望，怎么会有足够的钱呢？"年仅12岁的女儿听完一愣，或许她还不能真正明白。我便笑着说："走，回家吃饭，明天来做荷花茶。"

第二天的拂晓，荷塘里的清露未晞，我征得主人李大爷的同意，涉水踏入荷塘，采了三支含苞欲放的白荷。回到家里，我让女儿把装满清水的塑料瓶子拿来，把一茎清香的荷花，分别插入瓶中备用。行囊中，正好有雯嫣女士馈赠的普陀佛茶，我让女儿把茶均分到三个滤纸袋中，从顶部轻轻拨开白荷的花瓣，把纸袋塞入花骨朵内，用白线把花朵轻轻地束缚住。然后，把瓶插荷花放置到阴凉通风之处，让它生长酝酿。佛茶便在白荷的花瓣里，

安静地熏染着幽香，于花深处，做一场冰雪清梦。

茶窨花香的24小时后，荷花有清水的滋润，疲态未显。此时，就可以取出在荷花中窨染的茶了。如果不立即去喝，就要利用身边的热源，把茶烘干后密封。当然，如果条件完善，也可把茶如此反复地窨制两到三遍，让清幽的荷香渗透到茶的骨子里。闲暇品来，必然会香远益清，别具一番滋味在心头。

夏日里做荷花茶，沈复在《浮生六记》里，这样回忆芸娘：“夏月荷花初开时，晚含而晓放，芸用小纱囊撮茶叶少许，置花心，明早取出，烹天泉水泡之，香韵尤绝。”

就是这个“有友来时”，为爱人“拔钗沽酒，不动声色”

的芸娘，曾经用曼妙的心思，用饱蘸莲芬的感情，为沈复巧做着莲花茶。在清贫的日子里，因陋就简，用瓦壶清泉，有滋有味地经营着她的爱情。是男人都会爱芸娘。林语堂曾不无感慨地说："芸，我想，是中国文学上一个最可爱的女人。"

有了荷花茶，更欣喜在小区的东北方，又找到一眼泉池，清泉煮茗自甘肥。朝暮晨昏，习习海风里，我和女儿炉煎甘泉，碗泡荷花茶。花的莲芬，茶的香韵，波光潋滟中，让我常有"误入藕花深处"的错觉。

照水芙蕖
细细香

小暑，我仍在祁门问茶，接到双且兄的短信，要为某刊写篇关于夏日茶席的文章。当时心里没底，但碍于情面，便毫不犹豫地答应了。

茶席的设计，侧重应用，要把设计思想有理有据地落实到文字上，不是一件轻松的事。回到济南，斟酌再三，始终不敢落笔。一个雨后的黄昏，我路过城北的荷塘，清香扑面，触景生情，想起了苏轼的《江城子》：“凤凰山下雨初晴，水风清，晚霞明。一朵芙蕖，开过尚盈盈。”苏轼词中的盈盈芙蕖，我还不能猜透，是“十年生死两茫茫”的王弗，还是相知甚深的朝云，抑或是风流娴雅的弹筝人。究竟是谁？或许已不重要，因为在苏轼的深情里，有为王弗“料得年年肠断处”，为朝云“不与梨花同梦”。

荷花，是农历六月的花神。采一枝含苞待放的花骨朵，几片翠绿的小荷叶，入我的茶席，也算是顺时应季了。待我把荷花带到茶斋，素面粉晕的荷花，有几瓣已自然脱落了，恰好作为盏托使用。“娇黄莲蕊有香尘”的小莲蓬，在荷叶的簇拥下，清供在宋代影青执壶里，显得分外精神。

为了照应茶席的氛围，我选梨形朱泥壶，瀹泡普洱熟茶“敬”字饼。茶汤色如石榴红，糯米香里泛着荷花的清贵气息。

在茶的香气中，因何别具莲花一段幽？还是让水慢慢把茶润开，让壶娓娓道来。

“敬”字，是我珍藏的一方青铜汉印。“敬”在日本茶道里，与禅宗息息相通，它源于禅宗的自性清净，见性成佛。日本茶道成功吸收了“我心即佛，心佛平等”观念，认为众生在佛、在茶面前平等无二，那种自性流露出的无我与尊重，就是因“和”而“敬”。因“敬”字汉玺而精心制作的“敬”字饼，一直陈放着，也是许久未品了。从来不著水，清净来因心。在今夏的朱泥壶里，便造就了一段茶与水的姻缘。花开水湄，芙蓉向脸，味香若荷，香远益清。茶秉花香，馥郁清奇。若花也携了清凉的茶意，于茶斋里供养，便多了点禅悦与文人气息。

看取莲花净，方知不染心。观照茶席中荷的简素，中通外直，不蔓不枝。我在席间也省去了匀杯，瀹泡分茶便快捷、流畅了许多。器具简洁，简单喝茶，少了挂碍，多了清净自在。清代的董小宛与冒襄吃茶，就是各持一壶一杯，“每花前月下，静试对尝，碧沉香泛，真如木兰沾露，瑶草临波”。茶性清净，独品曰幽，任独斟饮，方得真味茶趣。

吃茶简单，是破除我执，减少挂碍，远离颠倒梦想。简单吃茶，是万缘放下，趣从静领，是绚烂过后的平淡。恰恰用心时，恰恰无心用。当吃茶走向刻意、繁琐，当欲求陷入炫耀、奢靡，离“道”就会谬之千里。删繁就简三秋树，是周而复始节气的自

我修正，其中蓬勃着无法阻挡的摧枯拉朽。茶生草木间，茶席本应是自然的一个片段或者缩影，因此，这种不刻意，这种少消耗人力、物力的自然简素，与陆羽《茶经》提倡的“茶性俭”，才是一脉相承的。

壶中养内涵，盏中品淡泊。茶含羞不语，在壶里酝酿着自己的故事。前生今世，幻若一梦，流淌到盏，盏里盛满莲的心事。照水芙蕖细细香，亦如这盏绯红的茶汤。吃茶时，恰逢旧友来店，问我：“张老师，这一席茶如此清雅，叫什么呢？”我半开玩笑地讲：“壶说，莲的心事。”

有思想的茶席，绝非是器物的堆砌，最好带着点禅意。禅是什么？禅是言语道断，心行处灭。赵州八十犹行脚，只为心头未悄然。这“悄然”， 如人饮茶，冷暖自知。其中的清闲滋味，更是不足为外人道也，如何道？

大暑

一滴水中涅槃心　大暑随心闲吃茶
伏天吃茶莫执着　瀹饮千家寨古茶

一滴水中
涅槃心

茶行天下，总有疲惫之时。翠竹掩映的安吉第一滴水茶馆，是一个安顿心灵，令人松弛，能坐下来慢慢喝茶的妙处。馆内的一花一草，或青翠欲滴，或怡红如棠。一器一物，或近幽，或从拙，让人感觉温暖亲近，却又超凡脱俗。这种曼妙的近人设计，让茶馆有了动人的新意。

我喜欢坐在古老的海棠花格窗前，静静地啜一杯茶，看窗外的翠竹、芭蕉摇曳，看细碎的阳光穿过窗棂，把枝叶影印在茶桌上，把花影跌落进茶汤里。我常对茶友们讲，如此幽微灵秀之地，主人定有涅槃妙心。

一个让人流连的茶馆，考量的是馆主的文化底蕴和诗意妙心。千里迢迢来喝一盏茶，享受的不仅是味蕾上的美妙，心灵上的默契，还有对茶的正确认知。茶馆里的一枝野花，一个莲蓬，一段枯木，一片绿叶上滚动的露珠等，都有可能成为触动心灵的某种契机。这种感觉，就是对氤氲着茶香、洋溢着诗情的茶馆，最动人最深刻的记忆。

同为爱茶之人，我和钱群英一见如故。等熟识习惯了，便亲切地叫她钱馆主。馆主是一个圆润且有佛相、和蔼可亲、散淡率真的人。她的一言一行，吴侬软语，极具亲和与感染力，尤其她那一身素雅的居士打扮，举手投足间，散发着慈悲的佛骨禅心。

与钱馆主在茶馆喝茶，谈得最多的还是茶。她常说："茶是清净之物，保护好茶山的良好生态，才能培育出真正的好茶。茶毕竟是农产品，只有把茶做好了，愉悦的茶汤滋润了心灵，附丽

安吉白茶

于茶上的文化，才会如雨后草甸上的地衣，绵绵地生发出来。”一席质朴平实的话语，于我心有戚戚焉。我也常讲：“茶是入口之物，一定要谨小慎微，亲力亲为，把好健康与质量关。采茶做茶，须持恭敬心，靠近传统，问茶源头，阅微纯料，做自己也能喝、也敢喝的良心茶。”

为了把安吉白茶做出自己的特点，钱馆主在深山里的金竹坪，开辟了生态茶园基地，修篱种菊，养荷栽梅。那散发着清灵幽香的特色茶“素梅”，就是她用基地的素心磬口蜡梅，薰窨山上的安吉白茶造就。我笑着对钱馆主说：“等用山上的松树，做出松针茶，把野菊花做成水玲珑，把淡竹叶做成竹叶

青。松竹梅菊，这自然天成的四君子茶，三径花香清欲寒，可谓清雅之至呀！”

有一次，我在茶馆待得很久，便与孙兄用今年和去年库存的安吉白茶，摹习宋代的点茶技艺，感受点茶的香重甘滑，入盏馨香四达的雅趣。

我们用竹根作研磨器，在斗笠盏内把干茶磨碎。取茶末三克，倾入兔毫盏内，注入一点沸水，用茶筅搅匀。再注水至兔毫盏的水线位置，指绕腕旋，快速搅拌击拂茶汤。盏面顿时云雾渐生，清真华彩。茶末或浮或沉散布水中，灿然泛着鲜白，如疏星皎月。

欣赏完意趣盎然的汤花水脉，我用青花汤匙分茶，其后慢慢品啜，细细领悟，恍若隔世。用新茶点，香高苦重。用去年的旧茶点，味厚甘润。点茶效果的新不如旧，让我开始思考，像安吉白茶这类高温杀青的绿茶，只要保存得当，茶的滋味会愈发甘甜厚重，就像生活里的“人不如旧”。试想宋代使用的点茶，既无冷冻储藏，也无真空包装，加之运输路途遥远，茶到品时，已陈化良久，却能“斗茶味兮轻醍醐，斗茶香兮薄兰芷”。宋人吃茶，有传统的文人趣味。不像现代人，逐新厌旧，重香气而轻况味。

宋人以饮茶为尚，饮茶之法又以点茶为主。南宋王观国的《学林》记载：“茶之佳品，皆点啜之。其煎啜之者，皆常品也。”

古人吃茶，莫说是庄重的仪式、风雅的茶器，仅隽永的汤花之美，已令我辈折服。我常常在想，为什么到了今天，我们已读不懂古茶诗里所描绘的那种意境？为什么对《茶经》里“叶卷者上”缺乏足够的认知？究其原因，不仅是千余年来饮茶方式的不断革新，很多茶器与技法已经消亡，而且更重要的是，我们弱化了知行合一的学习方式。

陆羽把茶树新叶向后被卷的形态，列为判断好茶的标准之一，是他在走过万水千山之后，从对无数茶山生态的野外考察中，提炼出来的直接经验。有经验的茶农常说，好茶叶是吃露水长大的。新梢的叶片是否向后被卷，最能直观反映茶山的空气湿度条件。相反，阳光直射、稍显干旱环境中的茶树叶片，大多呈现“叶舒者次”的状态。

真正的审美，来自于触及灵魂的思考。一滴水中照见茶中百态，映出万千世界。对茶馆的诗情画意，钱馆主似乎并不满足，她又放眼深山的生态茶园，在此搭建了一处原生态的茅棚，取名“云半间”。我喜欢这座掩映于幽篁花木中的茶寮，有“白云生处有人家”的野趣闲幽。尤其是那个“半”字，最能体现出主人的散淡与洒脱。在这半间茅棚里，可以“半壁山房赏明月”，“一盏清茗酬知音”，此乐何极！我和钱馆主相约，等山上的第一场雪落下，我们就去“云半间”，扫山涧竹叶煮泉，消受山中茶一杯。

大暑随心
闲吃茶

大暑时，高温酷热，暑湿逼人，是一年中最热的时节。在民间有饮伏茶、晒伏姜、烧伏香的习俗。伏茶，顾名思义，是三伏天里喝的茶水。在三伏天里，古时候的淳朴乡民，会把由金银花、夏枯草、甘草等煮成的茶饮，放在村口的凉亭里，供路过的陌生人免费饮用，以清热、祛暑、解渴。这个良善的习俗，据说在温州某些地区仍有传承。

大热的天，成都的素奕来到济南，带来了她在武夷山亲手制作的一款特殊的茶。这款茶，据说是她在去年的寒露，采摘悟源涧的肉桂茶青，完全根据上师的要求，全手工精制而成的。整个做茶过程，她说涵盖了六大茶类的主要技法。她做这款茶时，我恰好在武夷问茶，虽然没能目睹其全部环节，但是，从她消瘦疲惫的神态里，我能猜出熬夜做茶的辛苦。衣带渐宽终不悔，为伊消得人憔悴。沉浸于茶，也是爱茶的一种境界。

她的茶，只有她最懂。懂得茶的心思，知己知彼，才能还原出茶的神韵。她用随身携带的扫云白瓷斗笠盏，用冰水碗泡她的神秘茶。浸泡半小时后，银匙分茶，汤色金黄，清爽甘甜，微微有花香盈口。这盏名副其实的“冰红茶”，是暑热里难得的一剂清凉。随后她又改用沸水碗泡，汤色橙红油亮，花果香渐渐地释放出来，茶汤里确有红茶的甘醇，乌龙茶的芬芳。

素奕问我如何评价这款茶，我说：“这茶的发酵程度，介于乌龙茶和红茶之间，很像台湾的东方美人。但茶很主观，自己喜欢就好。自己用心做的茶，只要随心适口，享受了其中的过程，便是苦中作乐，乐在其中了。”做茶的真正乐趣，是品啜甜美，是分享愉悦，也是但问耕耘，不问收获。瑞士的语言学家巴利说过：“人生像一杯茶，若一饮而尽，会提早见到杯底。”所以，饮茶需要沉静下来，慢悠悠地品。参不透的人生，才会蕴藉有味。

黄昏的一场雨，让天气变得稍稍清爽。送走素奕，我回到书房，继续读《金刚经》。天青蚰耳香炉内，焚瑜伽行者香，青烟散尽，心意清凉。古人在大暑的“烧伏香”习俗，大概也是为了燥湿驱邪，芳香化浊。

读经毕，我从差旅随身的行囊中，找到一泡遗忘已久的西湖龙井，色转灰黄，豆香犹存。取小朱泥壶瀹泡，较春末时更为水滑甘甜，火气退尽，香已入水。泡茶需要用心。泡茶可让人沉静

西湖龙井群体种

下来，也可沉静下来再去泡茶。比如焚焚香，读读经，插枝花。把心沉于茶中，茶里便泡出了自己的气息和味道。

一款靠近传统的好茶，无论怎样泡都会好喝。水温高点，香气容易激发出来，滋味浓厚。水温低了，茶的苦涩度会有所降低，但香弱汤薄。不同境地的人，在对茶出汤快慢的把控中，便各自具足了各自的滋味与气韵。

如果陷于刻意作秀的程式化泡茶，忽略了对茶的判断及心灵的关照，泡出的茶，要么寡淡无味，要么苦涩少香。而过于讲究茶的泡法，无非是挖空心思，去粉饰掩盖某类茶的缺陷。这种执着的沉重，使茶少了散淡的逸趣。清清爽爽一盏茶，乐乐呵呵每一天。人生如茶，苦短味长，包容了茶的优点与缺陷，就是解脱了执着于茶中的自我。

一款好茶，如正在瀹泡的西湖龙井，工艺因循传统，虽常温存放数月，颜色由糙米黄绿转为深黄微褐，然而，茶汤却更甜滑绵长，香愈沉而味益厚。如是一款低温杀青的绿茶，当仅供观赏的嫩绿，随时光黯然失色之后，茶汤里便会滋生出一种劣化的青草味道，甚或有杂味并现。传统的高温杀青方式，扬清激浊，使茶青在高温中脱胎换骨，耐得住岁月的磨砺而难移其节。

大暑饮茶，宜无伤其阳，保护好自己的脾胃。若久居空调之室，人体外寒里寒，饮茶宜熟普、焙火到位的乌龙茶、红茶为主。其他茶类，包括绿茶、白茶、生普适饮即可，禁忌过浓过量。

除了茶，大暑时，民间还有把生姜切成薄片，在房顶上“晒伏姜”的习惯。老人常说：“冬吃萝卜夏吃姜，不用医生开药方。”我也常对朋友讲：“晒太阳，是穷人最好的钙片；多食姜，是夏季最佳的补药。”

伏天吃茶
莫执着

一夜的大雨滂沱，未解泉城暑热。早饭后，和女儿共饮一壶白毫银针，清淡甘甜，祛暑润心。好茶的人，大柢如此，只有以茶把自己喝透，一天才会舒展和精神。

中午，驱车偕筝，陪孩子参加古筝的晋级考试。评委老师的一句话："孩子弹得不错"，让我深感欣慰。漱玉习筝，缘起于中央音乐学院的赵家珍老师。赵老师来店吃茶，即兴弹奏《梅花三弄》《潇湘水云》《捣衣》等曲。晚归时，女儿说古琴好听，我问她想学吗？女儿问我难吗？我说，琴为心音，相对于她的年龄有点难。孩子问那咋办？我说学古筝吧！入门比较简单。漱玉自此开始习筝，三年之余，基本是有兴即弹，随心所欲。既然是玩，就不能让孩子感觉有太大压力。孩子徜徉在曲调优美的传统音乐里，如能"有声移性情，丝竹涤胸襟"，也算是快乐童年的一份收获。中国传统文化的研习，就像传统茉莉花茶的制作，待到大暑里，茶才有机会与鲜花相遇，让茶吸足花香，茶里却不见

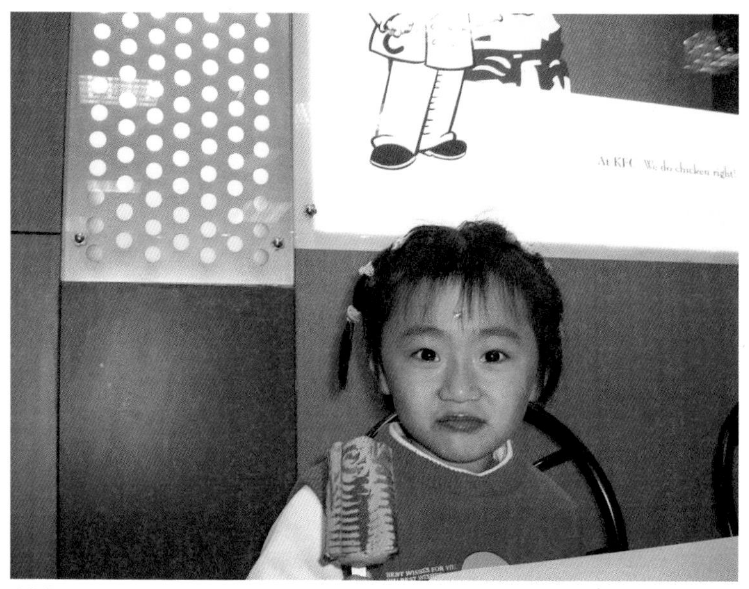

女儿漱玉

花。一切重在“润物细无声”的熏陶，等熟稔了，便会“操千曲而后晓声，观千剑而后识器”。

譬如一碗茶汤，粗喝，润喉解渴；细品，才能了然其中的韵味。唐代温庭筠有诗：“疏香皓齿有余味，更觉鹤心通杳冥。”如仅沉醉于茶的甘醇芬芳，习以为常，茶便成了自然而然的生活方式。一日不饮则滞，三日不饮则病。看似寻常，其实，茶会不经意地改变我们的习气与人生态度。

情不重，不生娑婆。既生娑婆世界，人事无常，承受不如享受。忙里偷闲一杯茶，苦中作乐几生涯。茶能祛襟涤滞，致清导和。赵朴老的一句“空持百千偈，不如吃茶去”，成为开启般若智慧的绝唱。活在当下，人生更具意义。往事越千年，苦海无边，执着是苦，不如般般放下。在武夷山天心庙的入山口，有一副对联这样写道：“到此般般放下，从此步步高升。”茶喝尽了，要及时把盏放下。空故纳万境，以放空的姿态去品下一盏茶，下一盏里自会有下一盏的况味。般般放下，身心轻快。人生之惑，却难在放下。

茶，南方之嘉木也。生于阳崖，长于阴林，其性冲澹闲洁，韵高致静。若能从茶汤中，观照出本性的一味清净，就是最真切的禅茶一味。禅茶一味，不是什么玄学，也不难理解。简单地讲，“禅”本是一个示单之人，安之若素，不以物喜，不以己悲，能在茶中照见自己的内心，让自己平静下来，宠辱不惊，茶味里便具足了禅味。“一箪食，一瓢饮，在陋巷，人不堪其忧，回也不改其乐”的颜回，不就是“禅饮一味”吗？儒家的闻道和佛家的悟禅，殊途同归，其理一也。

茶分六大类，分别是绿茶、红茶、白茶、黄茶、青茶、黑茶。同一株茶树的茶青，可以按照不同的加工方式和氧化程度，同时做出六种茶来。这近似于禅宗的“一花开五叶，结果自然成”。但无论是哪一种茶，其保健功用基本相近。茶的主要功效在于抗氧化，调阴阳，防病于未然。茶性随茶种、环境、发酵与焙火程度的不同，存在着寒与凉的差别。世界上不会有热性的

带同学们武夷游学

茶，这是由茶的根本属性决定的。

不炒不揉的白茶最凉，功同犀角。通过杀青、发酵、渥堆，干燥、焙火，陈化等手段，可以改变茶的苦涩与寒性。不要一提到绿茶，不加分析，就误以为寒而伤胃。中国人至少喝了一千多年绿茶，它不也是公认的最健康的饮品吗？较寒与刺激的，是那些杀青不到位、制程不规范的夏秋茶。杀青到位的头采绿茶，同样可以幽而不寒。

半发酵的武夷岩茶，通过后期多次的精制焙火，茶会变得微凉而不刺激。 而清香型铁观音，虽同属于乌龙茶，但因采得过嫩，发酵程度太轻，干燥温度过低，其干茶的外观、汤色和叶底的颜色，或深绿或黄绿，寒性却甚过绿茶，这即是很多人饮后胃肠不舒服的主要原因。其实，茶对胃肠的刺激，不只与寒性相关，与茶多酚的含量及氧化程度都有关系。上佳的传统红茶，如正山小种，与年份趋老的茶类近似，随着时间、存放环境、汤色的橙黄与红褐转化，会渐渐趋于醇厚而微凉。因此，对于某些茶类，不能过于执着，更不可过量嗜饮。要根据季节的变化、环境的不同、自身的体质、口感的喜好，在每个茶类里，都能寻觅到适合自己的茶，从而调节好身心的阴阳平衡。入口之茶，只要绿色生态，适口愉悦，早春晚秋都有上佳的茶。

瀹饮千家寨古茶

云南九甲乡的罗兄，寄来千家寨的古树散茶，条索肥大，黑质白毫，茶香透纸，蜜香暗绕。

品如此凝聚着原始山野之气的佳茗，应该像古代文士那样，结庐在山林幽壑，汲清泉，拾松针，煮茶于茅舍檐下，耳闻流水清音，目送流霞眉月。可惜，我不算是文人，只能在茶斋，找一个轻阴微雨的午后，与两三朋友共品。

雨停了下来，王禹兄过来喝茶，带来了十余枝新鲜的莲蓬，清馨的荷香，弥散茶室。他很会挑选莲蓬，选择青翠且细嫩小巧的半成熟莲蓬，风干后插瓶要文气一些，让人惺惺相惜。他还告诉我，风干莲蓬时，要把莲蓬的茎杆捆绑在一起，莲蓬的头要垂直向下，悬挂在通风阴凉的环境里，这样立冬后莲蓬就能干透。清供在书房、茶室，有枯荷听雨的况味。

在淡淡的荷香里，我和王禹兄瀹泡千家寨的古树散茶。茗倾素纸，条索肥壮淡紫。细嗅干茶，山野花香袭人，清凉直抵内心。

普洱茶的毛茶

瀹泡这样的茶，需要平心静气，缓缓注水。水流脉脉，滋润着茶芽。干茶渐渐舒展，汤色泛着金黄，香漫茶室。茶汤入口，花香蜜韵，有胶质的丝丝粘稠感。那种悠然沁脾的啜苦清甜，只可意会，无以言传。

静享一盏好茶，常常让我忽略了光阴的蹉跎。这款茶，十余水里茶气劲道，花香、果香跌宕起伏，层次丰富井然，然而汤色、清甜、香气，并未有多少衰减。饮毕，齿颊生香，喉韵彰显，胸背额头微汗濡濡，愉悦畅然。

数百年的朝岚暮雨，秋月春花，早已浸透了茶树叶片的脉络。因此，从这泡茶里，能感受到其内质的丰富，滋味的平和。

茶气沉静充盈，如静水流深，却又波澜不惊。

古树茶厚重耐泡，不事张扬，像一个胸中有万千丘壑的智者，经历过风霜，耐得住寂寞，故沉淀的五味调和，回甘持久。古茶树依靠自己发达的根系，从山野的更深处不断汲取营养。最是人间留不住，朱颜辞镜花辞树。当茶树的根系开始衰老，它的生命便到达了终点。茶树与人一样，都是人老脚先老，树的脚就是它的根系。古稀之年的茶树，类似一个气血孱弱、奄奄一息的老人。当古茶树越过了它生命力最旺盛的青壮年，茶树的成茶品质，自然就会下降。并非是传说中的树龄越大，茶叶品质越好，这是违背生命规律的悖论。

其实，普洱茶存在的逻辑混乱与误区，还远不止这些。那些口感刺激、苦涩锐显的，很少会是真正的大树茶。真正的大树茶，不是不苦涩，只是滋味更协调而已。其茶汤柔和，香甜过喉，汤厚耐泡，花香、蜜香浓郁。绵绵生津，在不易察觉的涩味中酝酿；悠长清甜，从苦中慢慢回转出来。

如果一款普洱生茶，干茶有轻微的火香，入口清甜，不苦不涩，汤色青绿，这样的茶，可能是高温烘青、提香使然。等茶的火气退去，此类茶就会原形毕露。因此，当下清甜不苦的普洱生茶，不见得是一款合格的好茶。普洱茶的转化，在于它的“厚积堪重负”，在质厚味足中穿越时空，历久弥香。后期转化出的滋味与香气，是厚德载物，是厚积薄发。没有当初的厚，又靠什么去转化？普洱茶的魅力，在于不同环境下陈化方向的不确定性，这其中，或许掺杂了人类好奇的赌性，让人多了探寻的惊喜，具足了玩味的内涵。

晚上，我用青瓷盖碗，瀹泡八十年代的7542青饼与九九易昌生饼，发现两款茶的转化均好，特征趋同。汤红澄明，茶汤厚滑。入口苦涩度低，果香浓郁，花香窜鼻，喉韵深长。茶气刚猛，三杯下肚，有明显的汗感。当初引以为豪的山场特征，而今形同于无。尘归尘，土归土，该去的，不当留。时光的伟大之处，在于能够平抚、消弭一切，何况是茶呢？

凡是仓储良好的老茶，洗茶一道后，其存储特征，如轻微的环境味道或杂味，均会消失殆尽。此时，无论是热嗅汤香，还是分汤后嗅闻杯底、叶底，均应带有愉悦鲜活的花香、果香，或草药香、木质香等。花果香越是浓郁绵长，其茶质越是上乘。数水后，其茶汤滋味、厚度、香气不减。等苦涩消散，汤水会越来越甜，并带有清凉感。一款健康能够入口的普洱茶，首先要气息干净，这是基本准则。不应有潮湿发霉的土墙皮味道、明显的异味、杂味、樟脑球味，等等。面对混乱的老茶市场，尽量少去流连，不明白的，不要随便去碰。不贪不念，心素如简，才能无痛无殇。

立秋

素秋清饮一瓢寒　立秋寂寂茶烟苍

一盏清茗知秋味　潇潇清秋暮说茶

素秋清饮

一瓢寒

秋，在五行中属金，其色白，故为素秋。素秋向晚，阳台上的罗汉竹，簇生新枝。野外采撷的旋覆花，药香犹存。闲读板桥题画诗："不风不雨正清和，翠竹亭亭好节柯。最爱晚凉佳客至，一壶新茗泡松萝。"月痕盈窗，能从一杯香茗里，品出"清和"之味，可见板桥先生已把儒、释、道融在茶与竹中。不风不雨即是"静"。其实，最能把儒、释、道的精髓链接在一起的，首先是一个"静"字。儒家的内省，道家的坐忘，释家的修慧，都集中体现了这一点。

竹子和茶，自古就有不解之缘，产茶之处多竹林苔藓。刘禹锡的《西山兰若试茶歌》写道："阳崖阴岭各殊气，未若竹下莓苔地。"阳崖阴岭是产茶的好地方，陆羽《茶经》也强调了"阳崖阴林"。宋徽宗《大观茶论》的"阴阳相济，则茶之滋长得其宜"，则一语道出了宜茶生态的本质。尽管如此，刘禹锡认为这还不够，还是在苔藓遍地的竹林里伴生的茶，更加清绝，刘禹锡

的确洞烛机先。我在桐木关制作的“红袖添香”，就是生态绝佳的竹林野茶，其清甜细腻，确实是其他山场难以比拟的。

在清明与谷雨之间，板桥先生坐在翠竹下，泡一壶新的松萝茶待客。翠竹如屏，浅山如画。说明他不仅是一位品茶的行家，更是一个善于造境的茶席设计者。清茶与翠竹，本是山中清物。竹下饮茶，茶引清香，竹添幽境。茶烟竹影，相映成画。唐代诗人贾岛写有：“对雨思君子，尝茶近竹幽。”钱起诗有：“竹下忘言对紫茶，全胜羽客醉流霞。”明代王宗沐也有诗：“如缕茶烟依竹试，半痕纹簟傍花眠。”在茶香绕竹丛的清影里，饮一盏新茶，还有什么尘心不能洗净的呢？知己把盏对酌，无需言语，一心清净了无痕。

板桥新泡的松萝，钱起品的紫笋，都是绿茶中的顶尖好茶。我曾多次问茶皖南的黄山、休宁等地，寻找传统且能入口的松萝茶，至今仍是憾事。清代江澄云的《素壶便录》记载："茶以松萝为胜，亦缘松萝山秀异之故。""徽茶首推休宁之松萝，谓出诸茶之上，夫松萝妙矣。"冒襄在《岕茶汇抄》里说："计可与罗岕敌者，唯松萝耳。"明清文人所贵的罗岕茶，遗失的是先蒸后焙的制作技艺，而非茶种。在茶的发展历史上，紫笋茶与罗岕茶的茶青，存在着一定的交集。能把梗粗叶大的罗岕茶，做得素水兰心，岂是我辈浮躁之人？

松萝茶，是明代松萝山盈福寺的大方和尚首创的。其技术源头，还是受到了苏州虎丘茶的影响。工艺近似于今天的六安瓜片，它们同属烘青绿茶。制作时必须拣去枝梗、老叶，惟取嫩叶，又须去尖和柄。松萝茶，还曾是偏僻山区的药用茶，专于消积化食。其实，除了云南大叶种之外，所有绿茶的成分均相差不大，功效基本雷同。在历史上，凡是记载"以茶为药"越多的地区，往往意味着其医疗条件越差。

古人有"松萝香气盖龙井"的赞美，松萝那种能压过龙井的香气，有记载说是橄榄的风味，这倒更令我好奇了。同样令人神往的，还有松萝茶的传说。清代《亦复如是》记述：焕龙到松萝山，问茶产于何处，僧引至后山，只见石壁上蟠屈古松，高五六丈，不见茶树。僧曰："茶在松桠，系鸟衔茶籽，堕松桠而生，如桑寄生然，名曰松萝，取茑与女萝旎于松上意也。"又问摘采之法，僧以杖叩击松根，大呼："老友何在？"当即就有二三只巨猿跃至，依次攀树采撷茶草。松萝茶的采摘之法，匪夷所思，这点与猴魁的传说有些近似了。

松萝与龙井茶，细究起来，还真有点历史渊源。大方和尚不仅在休宁创制了松萝茶，而且还在歙县老竹岭发明了老竹大方。扁平状的西湖龙井，就是借鉴了老竹大方的烤扁、辉锅之后形成的。只不过西湖龙井的压扁，是从锅边向锅底推压，而老竹大方的压扁，则是从锅底向锅边带压。

清代汪士慎品松萝茶，"一瓯苦茗饮复饮"，一杯一盏，回味不尽。我无缘像汪士慎一样，能品到正宗的松萝茶。我只能从与之类似的六安瓜片中，探寻松萝的滋味了。

七碗清风自六安。六安茶，唐代又称庐州六安茶，在清代曾贵为贡茶。六安瓜片大约在民国前后，脱胎于六安茶，它与松萝茶一样，都是剔除嫩芽及茶梗的叶茶。瓜片外观色泽宝绿，起润有霜。沸水冲泡，汤绿微苦，香高味厚，叶底香气若兰，杯底冷香近似苹果花香。若论绿茶的滋味浓烈，瓜片应是其中的佼佼者。这也是《红楼梦》中的贾母，对妙玉说她不吃六安茶的主要原因。贾母年高体弱，她深知六安茶和松萝茶近似，色绿香清，滋味苦寒浓冽。虽能解暑生津，消食化积，但不适合刚吃过酒食的老年人。因此，熟谙茶性的妙玉，给贾母悄悄准备了甜醇淡雅的“老君眉”。

素秋时节，寒花清事，有染枯香。我在书房里，曲几蒲团，篝灯顾影，辨听煮汤。一壶苦茗，一瓢寒意。

立秋寂寂
茶烟苍

始惊三伏尽，又遇立秋时。立秋的泉城，阴雨不断，轻阴雨浓的光阴里，空气潮湿而缠绵。我坐在茶斋内，燎沉香，除湿气，起炭煮水，建水紫陶壶瀹泡熟普散茶。茶烟戏聚，游丝盘转。茶汤濡滑色艳，如旧日春色。与之前所品的同一批紧压茶相比，未经蒸压过的毛茶，汤薄气散。前几年，我有幸品过龙马同庆的饼茶与散茶。在泰安与晨歌一起，也品过五十年代台湾紫藤庐的普洱散茶。总体的结论与评价是：紧压圆茶的气韵，要胜过散茶许多。直观的经验告诉我们，普洱茶的存储，要首选饼、团、坨、砖，尽量不要长期储存散茶。

现代科学的研究结论，进一步印证了我的看法。普洱茶在后期的发酵过程中，微生物存在着有氧菌与厌氧菌的转换。晒青毛料的转化，以有氧菌群为主，而普洱茶更重要的后续发酵，是以厌氧菌群为主。只有在紧压状态且在厌氧菌群的参与下，普洱茶才能陈化出独有的衍生物质。因此，从某种意义上讲，普洱茶

武夷山的坑涧茶园

的散料，不管是晒青毛茶，还是渥堆的熟茶，不经过蒸压环节，品质较难得到进一步的净化与提高。磨砺当如百炼金。因为在形不成厌氧条件的环境里，普洱散茶的转化，与红茶、乌龙茶、白茶一样，都是一个近似的有氧氧化过程。经过蒸压后的普洱茶，不仅在蒸压过程中能够去芜存菁，而且其汤色、香气、滋味及厚滑度，也会比同等的散茶表现更佳。散茶在某一时间段内，可能转化得较快，但香气可能会牺牲得较多。荣枯得失，尚需谨慎权衡。

立秋的前日，茅毅先生赴泉城，与仁修法师共筹古琴雅集。百花洲澥，曲水桥边，清泉洗心，白云怡意，一席武夷山的肉桂杂烩，直吃得馨香四达，秋爽洒然。

青狮岩肉桂，水甘香细，花香交织着桂皮香并现。牛栏坑肉桂，岩骨铮铮，栀子花香里伴有淡淡的乳香。席畔齿颊，清芬奕奕，如秋兰寂寂，似梅馥幽幽。一款好茶，带给人的不只是口舌滋味的满足，还有慰藉身心、令人愉悦的疗效，像卢仝的“两碗破孤闷”，“六碗通仙灵”。岩骨生花香，悟悦有禅味。在武夷岩茶里，虽然人人皆知“香不过肉桂”，但是，客观地讲，肉桂茶汤的稠厚度远逊于水仙。自古香气以天真幽淡为宗，肉桂香气的清纯与格调，若是与水仙相比，还是会相差很多。这一点，一定要引起爱茶人的警觉和关注，如此，武夷岩茶的春天，才会百花齐放。

肉桂新茶再好，若是火气尚存，涩味会因火气的存在而崭露。因火气暂存导致的口腔干涩，不同于酚类物质引起的能够生津的收敛感觉。对于岩茶的焙火，私以为应该把复杂的事情简单化。茶有中和之美，无论用什么火，只要把茶焙透，自会臻于完美，本来就不该存在什么轻火、中火和高火之别。我还是喜欢肉桂陈茶的温润与宽厚，茶也需要在寒来暑往里不断沉淀，等火气退尽，方可玉汝于成。

在雅集时，品香茶，听妙音，赏老宣纸，体验用古砚磨老墨的麝檀清凉、松烟怡神，至今萦绕心头，记忆犹新。记得当时我对茅毅老师说过：古琴、老茶、古砚、妙墨、古玉、老宣，凡是退去却火味燥气的传统事物，都是润眼养人的清凉妙品。

喝茶的时光，也是静秋里，让自己在杯水里释心疲、祛燥火的过程。

一盏清茗
知秋味

今年的春天，安溪高温雨多，很难找到一款能入口满意的铁观音春茶，也不敢推荐给茶友品鉴。茶是天工造物，茶农靠天吃饭，没有好的年景和适宜的气候，即便有通天的本领，也改变不了雨水茶的苦涩与寡淡。

虫鸣风雨夕。秋雨飒飒，敲窗依旧，好像无意停下。茶室内，灯下一人、一壶、一盏，我试品着去岁剩余的铁观音秋茶。三款茶分别为“兰知味”“小有韵”“幽兰不采”。“兰知味”汤水稍粗，兰香馥郁。“小有韵”，芳幽水滑，香远益清。“幽兰不采”是一款十年的陈茶，汤色金黄油亮，气若空谷幽兰。“幽兰不采”确有清香雅韵，其名算是读书偶得。唐代韩退之的《幽兰操》云：“兰之猗猗，扬扬其香。不采而佩，于兰何伤。”韩伯庸的《幽兰赋》也说：“惟披幽兰兮，偏含国香。”好茶如兰，不因无人欣赏而不发幽香。既已生成了国色天香，就不是人人能够奢望的，至于能否有缘品到，要看缘分自浅深了。

铁观音，传说是清代雍正年间，由安溪人发明创制的乌龙茶。铁观音茶的横空出世，曾风起云涌，将茶香、茶韵演绎到了茶的极致，掀开了沉香凝韵、花香果雅的茶类新篇章。台湾的木栅铁观音，是在清朝光绪年间，由张氏兄弟从安溪引入台湾后，开始种植制作的。闽南铁观音的名字，与闽北的大红袍一样，在当下的语境里，已成为闽南乌龙和闽北乌龙的代名词。其实，铁观音是一个比本山、黄金桂、毛蟹、梅占等更为卓越的珍稀茶种，具体可概括为“横枝张、波浪面、歪尾桃”。其远芳袭人，终古无绝。台湾历史学家连横，有诗形容铁观音：“一种清芬忘不得，参禅同证木樨心。”

在乌龙茶属的品鉴中，武夷岩茶因后期精制多了道焙火工艺，从而显得比较难懂。其实不然，武夷岩茶通过焙火，在减少苦涩滋味的同时，使毛茶的香气由清扬变得含蓄，且已香沉于水，从而深刻地改变了茶汤的醇厚度与细腻度，因此，武夷岩茶的品鉴，应是重味以求香。搞清楚了这个基本道理，只要把握住岩茶的汤厚气足；花香、果香的细幽清浊；香气与回甘的悠长程度；其香是否仅在舌尖一点，还是能过半个口腔，还是能够越过咽喉，且香甜如鲠在喉；有无清凉感，等等。明白了上述这些，再辅以标杆茶，一下午喝懂岩茶，不会是什么难事。

铁观音的品鉴相对简单，正宗的纯种铁观音，品种香为标准的兰花香。铁观音的香气，以清幽细腻、无青草气、无酸馊

红心铁观音的干茶

气、无驳杂气息为上。如用盖碗品鉴，盖香呈乳香、清新花香，冷香泛花果香者，等级较高。茶汤滋味清甜，汤滑细腻，有沙沙的胶质感，水香与盖香高度一致者为佳。入口回甘持久，生津明显，花香满口，无苦涩杂味者为上。年份较久的老观音，兰花香悄隐入水，水偏厚滑，汤色渐深，基本无焙火味道。茶汤入腹，肠暖胃舒。若还余留火味者，火味不应压过铁观音特有的花香、果香。若是满口火味，汤色红浓，仅余焦糖香气，而无明显的花香、果香，此类茶，基本就是市面上做旧的高火茶。

安溪的环境与气候，造就了铁观音春水秋香的特点。春茶水细，秋茶香高。孰是孰非，各有千秋。对茶不熟悉时，我们会过分关注茶的香气高低；等真正谙熟品茶的门径之后，汤滑水细，水香一体，才是品茶应该关注的重点。

潇潇清秋
暮说茶

日晓是山大中文系毕业的才子，也是我的好友。为了茶的正本清源，他经常跑到茶斋来，找我一同品茶，探讨有关茶的品种、历史以及他人不太注意的细节问题。

潇潇清秋暮，凉风袅袅发。在茶室里坐久了，有些恻恻清寒。我和日晓煎水瀹茶，品私房茶“韭春”。对茶悟性极高的日晓，看着“韭春”如色拉油般的汤色，笑着问我：“为什么桐木关野生红茶的汤色，是如此的金黄清澈？而外山的芽头红茶，不仅汤色深红，而且看起来不够清透呢？”

这些问题，看起来简单，细究起来，却很难说得圆满。黄庭坚诗云：“香从灵坚垄上发，味自白石源中生。”好茶如山中隐士，茶自峰生味更圆。如果你对茶山足够熟悉了，便会明白，喝茶品的还是山川的生态。幽美清绝环境里孕育的茶，其茶汤和叶底散发着的气息，纯净清凉，如雨后原野霁烟浮荡，一派清新，

无任何的土腥杂味。茶汤色泽的深浅，与发酵、焙火程度有关。但是，茶汤的清澈油亮程度，除了工艺因素之外，更多与季节、光照、植被、空气湿度等生态因素相关。桐木关的春茶，生长在高海拔的山川云雾环境里，高氨低酚，咖啡碱含量适中，故汤色金黄清透，滋味清甜，呈典型的花香蜜韵。低海拔的外山夏秋红茶，缺乏桐木关山清水秀、竹木葳蕤的自然条件，阳光直射强烈，个别地方农残、化肥、催芽剂滥用超标，茶汤即使焙以高火，也难以改变茶汤的红而不透，以及泛着的闷闷的烤红薯味道。

另外，茶汤的通透程度，还与悬浮在茶汤里的绒毛含量有关。除了白毫茶种，绝大多数的茶树，叶背上分布的绒毛多少，与空气湿度和季节的温度变化有关。在许多不同的茶山，我仔细观察过，湿度较大、生态良好的野生茶与有机茶，茶树叶芽的绒毛含量相对较少。苏轼有诗："独爱清香生云雾"，这也是高山云雾出好茶的主要原因。相反，在干旱或较差生态下的茶树，叶芽上的绒毛分布就要细密很多，尤其是施过催芽剂、叶面肥的更甚。茶区的秋季，大多年份干旱少雨，气温较高，因此，秋季的绿茶便会呈现较多的白毫，经过发酵做成的红茶，自然就会芽头密布金毫。生态良好的春茶，抽出的新芽，翠嫩金黄，绒毛稀少。唐代卢仝形容其"先春抽出黄金芽"。宋代苏颂也有"黄金芽嫩先春发"的诗句。故上佳的绿茶，多偏黄绿，而非碧绿。而

碧螺春的干茶

施过化学肥料的茶树，芽叶近乎墨绿，绒毛较多。总之，人为因素干扰越多的茶树，绒毛会相对更密更多。

当然，信阳毛尖和碧螺春，其茶汤存在的貌似“浑浊”现象，是细微的茶毫悬浮在茶汤内形成的。信阳毛尖的混汤，与茶青采得过嫩有关；而碧螺春的汤混，既与茶青细嫩程度相关，也与特殊的搓团提毫工艺密不可分。

同样是对茶汤的疑惑，重庆的嫒嫒也问过我，她说：“为什么新压的普洱熟茶，有的茶汤色重透亮，但后期转化不良？而初期汤色稍有浑浊的，两三年后，汤色会逐渐清澈，并转化出甜馨的糯米香？”温文尔雅的嫒嫒，习茶十分认真。我告诉她说：

“新压的普洱熟饼，如果汤色深红透亮，这类茶通常在蒸压后，会采用高温干燥、提香工艺，新茶喝起来燥喉，滋味和汤感偏于轻薄。急火提香，拔苗助长，透支的是自己的未来。而汤色稍有浑浊的，是新压熟茶的正常状态。因为散茶在蒸压过程中，茶叶的果胶、糖类等内质成分，会黏附着在条索的表面，经过低温干燥后，茶叶的活性并没有受到破坏。待以时日，等粘附在茶表面的大分子物质，通过陈化、降解、裂变成可溶于水的小分子物质，茶汤会日益透彻，汤颜如花。”

昨天上午，媛媛给我寄来她先生书写的小楷斗方，高古端秀。题写的是石屋清珙的山居诗：“半窗松影半窗月，一个蒲团一个僧。盘膝坐来中夜后，飞蛾扑灭佛前灯。”我问她：“你怎么知道我喜欢石屋清珙的诗啊？”她笑着说：“我看您数次在长兴问茶，每每都去登临霞雾山，山上有禅师的天湖遗址呀！”

我在长兴问茶，登此山，一半是为了紫笋茶，一半是为凭吊禅师的高标逸韵。有茶真好，有茶可以结识更多的朋友。这种因茶的相知，如茶一般清净无染，值得珍惜追忆。

处暑

对花啜茶亦清雅 处暑静秋怜香幽

藕花深处读易安 茶中照见旧时颜

对花啜茶
亦清雅

素秋渐老，秋阳高照。携女漱玉，南山汲泉，野外寻芳。花间一壶茶，席地饮清雅。

山脚下，姹紫嫣红，花开满坡。我寻一僻静荫凉处，在花下布一小席，银壶煮山中甘泉，瀹泡私房茶韭春。满目伞状的紫色花开，让我想起了桐木关里韭菜窝的春天。几枝恣意的花枝，随微风闯入茶席的空间。于是，清亮金黄的茶汤里，有花影荡漾入盏，也映着女儿清秀的笑脸。

我坐在一侧，持盏啜茶，凝视着女儿，浮想联翩。西晋左思《娇女诗》云："吾家有娇女，皎皎颇白皙。""止为荼荈剧，吹嘘对鼎立。脂腻漫白袖，烟熏染阿锡。"白茅纯束，有女如荼，是一个父亲的自豪。在这个花开深秋的原野上，我舍不得小女像诗中描述的那样，去起炭生火，把洁白的衣袖都染黑了。能用深情厚爱，和女儿去分享一杯醇香有韵的茶，还有什么比此刻

更值得珍惜呢?

对花啜茶，自唐代韩愈起，就谓之煞风景。李商隐认为的煞风景，就包括“对花啜茶，松下喝道”，故北宋王介甫诗云：“金谷看花莫漫煎。”到了南宋，陆放翁有“花摇新茶满市香”，并以此为韵事。杜耒的《寒夜》诗有：“寒夜客来茶当酒，竹炉汤沸火初红。”寻常的窗前月，有了梅花疏影横斜的映照，喝茶的意境便大不相同了。我很认同明代田艺蘅《煮泉小品》的说法：“若把一瓯对山花啜之，当更助风景。”到了清代，还有更洒脱自在的阮元，“又向山堂自煮茶，木棉花下见桃花”。

其实，花下品茶，还是颇具诗境和韵味的。不管是茶香遮住了花香，还是花香掩映了茶香，只要浪漫的情致与愉悦的闲适俱在，而不去刻意纠结，茶香在口舌，花香在鼻目，并没有多少相干。

才色双绝的董小宛与冒襄，“至花放恰采入供，即四时草花竹叶，无不经营绝慧，领略殊清，使冷韵幽香，恒霏微于曲房斗室。” 他们常于花前月下，四时的暗香浮动中，一人一壶一盏，细品岕茶的色香味韵，羡煞了多少旁人。所谓真名士自风流。腥膻大吃大嚼的史湘云，吃完鹿肉一抹嘴，不也是锦心绣口?

佳卉自有风骨，茶斋无花不幽。茶室的供花，若是清幽雅致、疏朗高洁的，可倚花吃茶，风雅无限。若是香高味浓、艳丽娇媚的，不妨隔着竹帘或窗棂远观，隐约朦胧之美，也无伤清雅。花是茶室怡情快意的风景，也是四季轮转的信使，不可小觑，不可或缺。

吟诗一首，记下此刻于花的情感：难得花下饮几哉，对花不饮花应猜。秋去冬来春色空，红残绿暗吁可哀。

处暑静秋
怜香幽

处，止也。处暑即是暑气至此而止矣。白居易诗云：“离离暑云散，袅袅凉风起。”

过了处暑，秋意凝聚渐浓，而天上的彩云，变得像暑气一样，逸散不聚，所以，民间有“七月八月看巧云”的说法。

处暑后，台湾的香友来访，我支炉备炭，煎水瀹茶。品茗间，我与众友茶里偷闲，试香熏沉数道。青烟缕缕，迂回缭绕。茶烟与香烟，烟云杳霭，戏聚逐意，颇耐玩味。

烟云藏古意，身心相与闲。一炉未残，啜茗味淡；一炉又热，香雾隐隐绕帘，香霭馥馥撩人。北宋诗人陈与义有《焚香》诗：“炉香袅孤碧，云缕霏数千。悠然凌空去，缥缈随风还。”熏沉的香气，变幻若茶，或馥郁、或清幽，或醇厚、或雅淡。或带草药香，或带乳香，或带瓜蜜香，或带花草香。然而各种香中，均蕴含着丝丝的清凉意味，香韵中逸散着或苦、或涩、或回

甘。由此可见，一道好香，应以穿透力强，香气富有层次感，韵中透着甘甜清凉者为上；淡雅飘逸，意蕴深长，无呛人烟火气者为佳。同一款香，不同温度下呈现的初香、本香、尾香，其中的浓淡、花香、酸甜苦咸辛、清凉意的曲折，个中的逸趣，均须静心妙参。

烟云凝散缥缈，我心醒然。陈与义又说："世事有过现，熏性无变迁。" 茶性亦是如此，无论世事千年，无论发酵氧化，均难改变其寒。不论是香性、茶性，还是人性，应是水中月，波定还自圆。

品香和品茶，有异曲同工之妙。其中的山花野芳，林泉幽趣，一个是鼻参，一个是口品，都需心证体悟。茶与香，集草木百花众香之妙，皆可入道。故朱熹《香界》诗云："花气无边熏欲醉，灵芬一点静还通；何须楚客纫秋佩，坐卧经行向此中。" 朱熹的诗，虽然是写香，但却写尽了品茶的幽玄之妙。品茶和焚香，还有插花、挂画，同列为文人的四般闲事，都具有清心涤烦、养性怡情的雅致共性，是明心见性、正觉大道的殊途同归。

明代徐𤊹《茗谭》写道："品茶最是清事，若无好香在炉，遂乏一段幽趣；焚香雅有逸韵，若无茗茶浮碗，终少一番胜缘。是故，茶、香两相为用，缺一不可，飨清福者能有几人？"茶与香，富集了大自然的菁华，不以无人而不芳。在敬天法祖的历史长河中，在传统文人的精致生活里，甘露齿颊留芳，香袅澄心静虑，啜茗焚香，从来都是如影随形。

夕阳西下，茶室内，烟云还是百转千回。随缘兄携带水蓝印、六十年代的老方砖，来凑热闹。我由衷感叹，今天是个好日子！三世修得奇楠缘，此生难遇老茶福。于是，薄雾浓云，清凉香氛中，我撬老茶，炉煎渭水。老茶形容枯萎，汤色却烨若春敷，水蓝印清芬如芷，老方砖夕颜若花，如品香，百般的悠长，一样的顺滑。

藕花深处
读易安

茶蕴闲情，夏去秋来，闲饮七碗烦暑去。端起放下，一瓯慢品最怡神。清秋露冷，我与女儿漱玉，携带茶器，走进荷花盛开的济南遥墙，去寻觅李清照的茶踪香迹。

李清照，生于山东东平，长在河南开封，嫁给了青州的赵明诚。南渡以后，定居杭州而终。她一生几乎未在济南生活过，因此，章丘既非她的故乡，漱玉泉更不是她的故居。所有的传说，皆从其著作《漱玉集》附会而来。

李清照虽未在济南定居过，但是，她在父亲李格非被罢官、返乡期间，是来过济南的。李格非“以文章受知于苏轼”，属于苏门后四学士之一，故受“元祐奸党”案牵连。此间，李清照写下了唯一一首有关故里风物的《如梦令》：“常记溪亭日暮，沉醉不知归路。兴尽晚回舟，误入藕花深处。争渡，争渡，惊起一滩鸥鹭。”词中的“溪亭”，据考证，在今天济南的五龙潭区域。这一带水域，在唐宋时期，就是真正的大明湖所在。所谓沧海桑田，于此可见一斑。也因于此，杜甫经济南看望弟弟杜颖时，写下了脍炙人口的“海右此亭古，济南名士多”。海右，即在古大明湖的东侧。

走近荷塘，藕花深处，白鹭款飞，荷香脉脉，清馨扑面。易安的故乡，花叶遮望眼，找寻不到曾经的溪亭。她在日暮的沉醉中，忘记了归路。载梦的兰舟可知？当年是否从此误入？

因茶而来，我站在曾经的渡口，惊起一滩鸥鹭。荷瓣的胭红，是你莞尔的嫣然；翠叶的清露，是你一瞥时的回眸。习习微风里，在半开的白莲中，染香浸润许久的那泡西湖龙井，是否有些过于清寒？“白针金莲”最相宜，别有池塘一种幽。

白针金莲，是普洱茶中的女儿茶，产于八十年代。干茶芽细若针，白中泛黄，其香若荷。开汤桃花水红，似美人微酡，香如十里芰荷，入口濡润甜滑，一股清灵的回甘与芙蓉初绽的香气，在唇齿间徘徊复徘徊。词染荷香，荷沾词韵，因了这茶的荷香袅袅，才有了跨越时空相对饮的桥。

春天来时，碧草盈门，红梅吐蕊，但尚未开匀。“碧云笼碾玉成尘，留晓梦，惊破一瓯春。”侍女借用碧云笼，把团茶碾碎成尘，然后用执壶点茶。点茶的水声，惊醒了“晨尚倦卧有余梦”的您，瓯盏里点出的汤花，有着梅花欲放的清美。

深秋暮晚，风度木樨正芬芳，终日向人多酝藉。您又写道：

茶园里的红梅吐蕊

“病起萧萧两鬓华，卧看残月上窗纱。豆蔻连梢煎熟水，莫分茶。”两鬓又添花白，卧看残月映窗，您一定又想念茶香了。可是，自己刚刚大病初愈，只能饮豆蔻熟水来调理身体。

秋去冬来，寒叶萧萧，品茶忆梦的您，不负东篱菊蕊黄。“酒阑更喜团茶苦，梦断偏宜瑞脑香。”酒宴归来，您更喜团茶的清苦，茶因苦寒可缓解饮酒的微醺。梦断小睡之后，最好焚些瑞脑香，才使自己神清气爽。好景难长，曾经的生香熏袖，活火分茶，在去国流离的颠沛中，早已成为渐行渐远的旧梦了。

我记得，在《金石录》的后序中，您记录了与先生赵明诚，品茶行令助学的趣事。您博学强记，饭罢就到归来堂烹茶。吃茶前，指着桌上堆积的史书，要准确说出、某件事在某书某卷的第几页第几行，依此来定输赢，胜者方先喝茶。华佗《食论》中说："苦茶久食，益意思。"是您开创了"饮茶助学"的历史先河。夫唱妇随的那段青春年少，一定是您一生中最幸福的时光。

"赌书消得泼茶香，当时只道是寻常。"赌书泼茶，被纳兰写进诗中，既有对亡妻卢氏的思恋，也有对您的追念。这种咏絮继清芬的情趣，在举案齐眉的青春时代，只是寻常。国破家亡后，帘卷西风，人比黄花瘦。那盏茶，即使再温热再清香，也无法冲淡您心中的悲怆凄凉。

古柳垂堤，荷香淡淡。回味白针金莲那满口圆润的甜，飘渺着芰荷丛中的一段秋光淡。雁字回时，再上兰舟，又如何释怀那一种相思、两处闲愁。此情无计可消除，才下眉头，却上心头。

茶中照见
旧时颜

人过四十，如茶，越品越淡，淡中有味。不惑之人，泡一壶陈年熟普，用百年的老青花盏盛之。目遇之而成色，我惊艳这娇醉的茶汤。个中盈浅，回首蓦然。曾是梳云掠月，犹记惊鸿照影。

凉夜悠悠露气清，晴虫凄切草间鸣。茶微凉，色渐淡；心已远，透着寒。人、茶、杯今世偶遇，因缘和合，住色生心，遂悟真空妙有，色即是空。

佛具佛慧，茶有茶性。一杯茶中，照见气象万千，唯持平常心，才得清净境。心无住留，烦恼尽除。智者问禅，清茶一杯。迷者问禅，佛经万卷。茶可破万卷，“三饮便得道，何必苦心破烦恼”。心有住留，人生尽苦茶亦苦。敛心静思，慢品清和之味，饮茶始得真趣。茶性本一，人心有染，失于觉照，茶便多了分别。

茶者，察也。静心喝茶，可从一杯茶中观照自己。以铜为镜，可以正衣冠；以茶汤为鉴，能够明心性。以茶修持，可涤昏寐、清我神，安顿身心。君子一日三省，方能心颜如玉。不能以清净茶性自察、自觉，便很难成长为真正的茶人。

人生如茶，淡中知味。茶浓香短，茶淡趣长。茶泡浓了，浓重的滋味会压住香气。能在淡茶中，品出茶的滋味，感受到茶之馨香，才能悟出喝茶的真谛。

茶有真味真香，只有正身正意，祛除妄念，才能“细啜襟灵爽，微吟齿颊香”。喝茶要用自己的嘴巴，静心调动味蕾，用口腔去感受茶汤里的芬芳，而不是仅用鼻子。咽罢余芳气。因为闻到的香气，不见得是茶的真香。香精茶里添加的工业香精，不仅香气刺激，单调而甜腻，而且较难溶解于茶汤。只有茶内自身的天然芳香物质，才会部分与水产生亲密无间的融合，表现在茶汤中，便是香水交融，清香甘活，持久绵长。所以，好茶无浮气，七泡有余香。

人生若茶。从茶中，能够观照到我们的人生。少年时代，就是一芽嫩绿的春茶。成长的过程，像做茶一样，通过杀青，去掉幼稚和青涩之气，并挤掉自身三分之二的水分。青年时代，通过摇青、揉捻，砥砺其节，焕发出自身的清香与活力。中年以后，就要通过发酵、焙火，进一步的酝酿内质，丰富滋味，去伪存真，臻于至善。茶与人生，皆如璞玉，不经严格的切磋琢磨，难成温润以泽的大美之器。

喝茶吧！一款茶的玉成，多像自己走过的一生。品茶时，要珍惜每一泡茶，粒粒皆辛苦。品饮每一泡茶，宜通首至尾，善始善终。此中的真意，如匆匆流转的四季，阅遍芳菲，谙尽荣枯，始知淡则味真。明代陈继儒《养生肤语》说："此可见天地养人之本意，至味皆在淡中。今人务为浓厚者，殆失其味之正邪？"

春去秋来，流光一闪，红了樱桃，绿了芭蕉，黄了春草，白了发梢。恨晨光之熹微，觉今是而昨非。再好的茶，都会喝淡，珍惜茶之尾水的淡味淡香吧！这才是我们追寻的人生真味。不知淡，焉知味？

白露

一瓯新绿秋凉至　盏瀹玉露醉佳人

白露清风相思红　素心熏染在姑苏

一瓯新绿
秋凉至

秋在五行属金，其色白，故秋天的露凝而白，称之为白露。白露秋风夜，一夜凉一夜。等秋分过后，露水即将凝结为霜，便是寒露了。

露从今夜白，秋心自此生。白露的前两日，我南行回济南。从南至北，青山绿水，秋色渐浓，白草红叶黄花，美得让人忧伤。

自古逢秋悲寂寥。人生，有秋的清凉况味。不苦就是甜，但甜吃多了，定会泛酸。唯有苦过，回味出的才是甘。茶的迷人之处，在于啜苦咽甘，苦尽甘来，生津清凉。这种回味之美，使茶从药之用、饮之功，升华为精神道德之需，濡染着五千年的中华文明。记载经史文字的每一页泛黄的纸张，无不散发着茶的郁郁清香。

在越南边境，我与老黄吃茶品香。当我执着于沉香的真假鉴别时，老黄告诫我，能搞清楚真香即可，又何必纠缠于种种假香呢？道高一尺，魔高一丈。当你刚弄明白这款是如何造假的，马上就有另一款更近于真的假香出现。喝茶也是如此，事非经过不知难。分清茶的真假优劣即可，不必去深究假茶的工艺与出处。喝茶毕竟是一门实践的学问，和一个没吃过某肉的人讲，某肉是如何的好吃，无异于对牛弹琴。品过根红苗正的标准茶样，记住某类茶的气息、香气、汤色、滋味、厚薄，气韵，再遇到似是而非的假茶，立马会心知肚明。好茶，自有山水生态造就的独特环境香、山场味、清幽韵。

回程的路上，我去政和、福鼎走访了几家白茶企业，沿途发现有些厂家，是用经过揉捻的新工艺寿眉或白露之前的夏茶压

政和野生大白茶的茶青

饼，然后焙以重火，汤红气燥，谓之“老白茶”。压饼的白茶，是为了解决存储、运输之便，却因此成了“老白茶”造假的重灾区。对于除了白毫银针、高级白牡丹之外的白茶压饼，本无可厚非，但是，压饼白茶的原料，一定要工艺精良，萎凋到位，否则，后期的茶汤寡淡，青气杂味难以消除。

白茶，七分晒三分焙，主产于福建的福鼎、政和。白茶的清凉、降火消炎，源于制作工艺的简单天然，不炒不捻，萎凋烘干。明代田艺蘅《煮泉小品》中说：“芽茶以火作者为次，生晒者为上，亦近自然，且断烟火气耳。”明人文献里的“生晒者”，是指自娱自乐的小批量做茶。每年的谷雨前后，我带学生们去桐木关时，都会采些早发的竹林野茶，生晒几两白茶自饮。这类茶鲜爽清甜，含水率高，短时间之内喝完，不会存在变质问题。像今天大量制作的白茶，如果未经烘干，含水率降不到6%以下，后期的存放陈化，必定面临着发霉变质之虞。因此，一款品质优良的白茶，要保持干茶的鲜灵、滋味的鲜活、气息的纯净、香气的淡雅，那么，如何去焙火烘干？就是一个值得探讨的有趣问题。

传统工艺制作的当年白茶，无论是否压饼，都应汤色杏黄明亮，滋味清甜鲜醇。素雅恬淡，是白茶最重要的特质。从这个意义上讲，萎凋过轻或焙火过重的白茶饼，还是妙造天然的白茶类吗？其汤色红浑，气息驳杂，真味顿失，茶性已变，遑论收藏及其陈化功效？由此，我联想到当下的普洱茶，当七子饼茶的纸质包装，取代了传统的笋壳扎筒包装，在后期的陈化过程中，茶质是否会受到影响？日渐式微的传统技艺，需要实实在在的保护和弘扬，如仅冠以创新之名，而无踏踏实实的继承和发扬，期望做出好茶，期望存出好茶的梦想，不是南柯一梦，就是黄粱一梦。

窗外油蛉低唱，秋深处也不全是感伤。新打一炉香篆，檀麝清芬，袅袅燃尽，寸断成灰。碗泡西安姚霏馈赠的午子仙毫，翠绿鲜润，白毫满披，可能是出汤慢了点，此刻我却品出了秋莲的清苦。明月在窗，秋夜渐长；茗若佳人，与茶对望。正应了“幽人坐相对，心事共萧条”。

盏瀹玉露
醉佳人

金凤淅淅，银河耿耿，七夕如今又至。七夕，原来叫乞巧节。在汉代以前，七夕节与牛郎织女的爱情传说，几乎没有任何关系。东晋葛洪《西京杂记》记载：“汉彩女常以七月七日，穿七孔针于开襟楼，人俱习之。”古时的七夕之夜，少女们仰望朗朗月夕，以五彩线对月穿七孔针，向织女献祭，祈求自己心灵手巧、姻缘美满。原本生活气息十足、启迪女儿智慧的华美节日，如今又被商家演绎成本土的情人节，实在有辱斯文，有违美好节日的内涵。

七夕夜，雨洗新秋，虫鸣室幽。女儿陪我在茶室，清供瓜果，焚香夜坐，煎水吃茶。第一道茶，首选醉佳人，它是凤凰单丛的发酵红茶；第二道茶，为恩施玉露，是国内仍沿袭唐代蒸青工艺的唯一绿茶。一壶三杯，一盏自饮，一盏给漱玉，第三盏，邀牛郎织女共饮。

茶盏选择六十年代的窑变油滴盏，盏含宇宙星辰、银汉万象。醉佳人的汤色绯红，香气幽微，甘甜温润。玉露茶，苍翠如玉，其味清芳。红茶斟入油滴盏，盏底釉斑金辉闪烁，星光灿烂。绿茶分汤在油滴盏里，静影沉璧，银汉熠熠。

七夕之夜，茶汤澄明如鉴，织女可记否？“曾向春窗分绰约，误回秋水照蹉跎。”若再簪花临镜，曾经的花容娇颜，在今晚的茶汤里，会照见鬓染霜华、人影清瘦。漫漫银河，情苦无涯。

醉佳人，原产于潮州的凤凰山，金秋七夕与恩施玉露共饮一席，正契合了“金风玉露一相逢，便胜人间无数”的诗意。茶水

静清和收藏的北方油滴盏

能相融合的，是彼此的相思和期许，但水就是水，茶仍是茶。不相溶的，是你中有我，我中有你的独立人格。即使“柔情似水，佳期如梦”，但“盈盈一水间里，脉脉不得语”的千种风情、万种牵挂，能有几人体悟？如茶汤的甘苦酽涩滋味，在唇齿间流连顾盼。

七夕，是在把悲剧当成喜剧上演，那种深入骨髓的苍凉，又有几人能解？或许我们用狂欢、消费演出的喜剧，其本质也是自己更深层次的悲剧。鲁迅先生在《再论雷峰塔的倒掉》中说：“悲剧将人生的有价值的东西毁灭给人看”，可谓一针见血。

茶不惟解渴，以品为上，渐而知茶味、会茶韵。牛郎织女的鹊桥之会，胜过多少貌合神离、花前月下的朝夕厮守。我欣赏香溶于水、高洁如兰的茶，茶水初相逢，你浓我浓；长相浸泡后，仍能淡中知味、甘之若饴。大爱如茶，真情要经得住彼此的聚少离多，思念熬得过红颜憔悴人俱老。若茶与水，相溶太短，没有回甘；浸淫日久，难免苦涩。两情若是久长时，又岂在朝朝暮暮。这种海枯石烂的真情，是相守中的一诺千金，是苦涩中的生死相期。

七夕的这一盏茶汤，寄托了太浓的相思愁绪与情深意长，让我不禁“云罗满眼泪潸然”。感于此情此境，凝于小诗：牛郎织女意若何？绵绵无绝七夕多。半壁山房望星辰，一瓯玉露醉佳人。

白露清风
相思红

白露时节，我孤身一人踏露南行，问茶武夷。雨雾蒙蒙中，驱车进桐木关，一路山环水绕，飞泉流瀑，恍如仙境。

到达十里场，雨过天晴，正是喝茶的好时光。我和老温，清溪涧边，幽篁丛下，汲泉煎水，瀹饮桐木关的私房茶“韭春”。

好茶应当咀华嚼英，轻啜慢品。茶中氤氲的花香丛韵、竹木清芬，是茶染花木清露，是山野的幽兰自芳。而绯红惹人的茶汤呢？是茶山里的百年红豆杉，灿然枝头的缀珠柿红，浸染的一汪秋水；还是秋色连波里，抛不尽的红豆，染红了茶的容颜，竟夕起了相思？

一窗秋意里，有了茶，才能泡出一盏的春色荡漾。记取桐木关的春天，正春山好处，空翠烟霏；野韭菜窝，绝佳的高海拔山场，林清荫浓，山花烂漫。每年到了谷雨前后，当淡紫色的野韭菜花开满山涧，静寂丛生在竹林、红豆杉其间的野生小种老丛，便开始采摘、萎凋、揉捻、发酵、焙火。在野韭菜窝的春天里，

精制而成的野生老丛红茶，我为它取名“韭春”。

次日，出桐木关，到武夷山拜访老茶农张先生。在他家的百年老屋内，品竹窠的肉桂，香扬味厚；慧苑坑的水仙，粽叶香浓，清凉感溢喉；莲花峰的雀舌，兰香幽长；二十年陈的大红袍，前三水陈韵明显，水略单薄；四水后花香始现，水渐甜厚；十水后，茶香不散，柔顺清润。所品到的每一款岩茶，都能喝出炭焙茶特有的香气与通透。

我对先生人品的敦厚淳朴，茶品的醇厚精微，以及精制岩茶数十年的焙火技艺，佩服得五体投地。便抽出两天的时间，虚心向老先生学习、请教岩茶的焙火技艺。张先生说，他焙岩茶，全部选用上好的荔枝炭。好茶需要精致的炭火焙透，吃透火的茶，才会气息纯正，不苦不涩。这样的茶，后期才不会返青，不会变质。正岩正坑的好茶，能够耐得住精制的焙火，所谓真金不怕火炼。

在林壑优美的武夷山区，有着白露之后焙好茶的传统习惯。白露后，阴气渐重，水土湿气凝而为露，此时的空气温度和湿度，会较之前有明显的降低。茶农在酷热熏烤和干燥难耐的焙房内、焙窟边、焙笼旁，完成毛茶的走水和精制，相比此前的潮湿炎热，尤其是在夜间，条件会有明显的好转。不仅如此，假如空气中的含水率持续较高，岩茶在焙笼内，即使焙足了火，在后续的工艺环节里，干茶也会在瞬间吸收大量的水分，不利于岩茶品质的提高和后期的保存熟化。因此，包括三坑两涧，优良珍贵的正岩山场茶的精制，传统上选择在白露之后，是科学合理的。

制作一款上佳的岩茶，面对茶青、做青、焙火哪个环节更具决定性的争议，我通过深入调查认为：好山场的茶青，是品质的前提；规范的做青，是品质的保证；精准的焙火，是品质的提升。这是一个问题的三个方面，不能为了某种利益，去刻意违心地单独强调。只有山场好，做青到位、焙火精准的岩茶，才会“骨清肉腻和且正”，啜过始知真味永。

岩茶的焙火，要看茶做茶，一定要把香气与滋味协调得恰恰好。恰当的焙火，可深化汤色、纯净滋味、降低苦涩、改善香

武夷山大王峰

气、提高茶汤的细腻度和通透度，但是，如果焙火过高，焦糖化反应过度，就会适得其反，劣化茶质，产生苦涩焦味。另外，一款焙火良好的岩茶，只要没有受潮、返青、变质，一般不需要再次焙火。茶的香气等物质，是挥发性的，容易在重复焙火中过度地挥发和散失，致使岩茶的内质越焙越空。因此，从某种意义上讲，对于焙火到位的岩茶，其后的每一次焙火，是对茶质补救的无奈之举，都是对岩茶内质和香气的严重损害。

草黄山自绿，霜白树才红。客居幔亭峰下，望山月团团。我在客房里，又瀹韭春，杯中红颜，芳蔼幽兰，浅啜出不羁的思念。

素心熏染
在姑苏

秋分的前日，我从上海告别香友，乘高铁来到苏州。

在苏州流连最多的，还是山塘街、平江路、苏州博物馆。最浪漫之地，不是设计精巧的苏州园林，而是我喜欢的桃花坞，可凭吊、可追念。尽管唐伯虎的桃花坞已盛景不再，但是，我还是喜欢在周边走走，寻觅那种婉约的江南味道。如果再默诵着唐寅的诗词："桃花坞里桃花庵，桃花庵下桃花仙。桃花仙人种桃花，又摘桃花换酒钱。酒醒只在花前坐，酒醉还来花下眠"，就很容易沉醉其中，这大概就是传统诗词的文化力量吧！

雾雨蒙蒙的早晨，可去山塘街漫步，尝尝外焦里嫩的哑巴生煎、色如碧玉的青团子等，小巷深处，才有浓郁的老苏州味道。山塘街，是姑苏第一名街，它是在唐代宝历年间，白居易任苏州刺史时修建的。曹雪芹在《红楼梦》中，把阊门、山塘一带，称为"最是红尘中一二等富贵风流之地"。山塘街斑驳光滑的青石路上，尚泛着历史文化不灭的流光。

粉墙黛瓦的水巷民居，烟雨渲染的石板拱桥，这种江南意蕴，在平江路还能看得到。惜乎哉！过去在弄堂里、水巷边婉转的叫卖声："栀子花，白兰花，香不香得来……"那种又甜又糯、蚀骨销魂的吴侬软语，在当下却是无缘听到了。假设南宋的陆放翁，在早春里听不到"粉杏花要伐？"又怎能在江南写下"深巷明朝卖杏花"？

在平江路，有两个清闲去处，白天可去黄兄的停云香馆，吃茶品香；晚上可去听听成芳老师的《牡丹亭》。昆曲里的缠绵清婉，多像我们不易捕捉到的茶韵！那种柔曼悠远的余韵，正是茶香里荡着的让人欲罢不能的幽美。

在停云吃茶，焚云纹篆香，老铁壶煎水，用手拉坯老陶壶瀹饮“含熏”。闻香品茗，啜饮清谈，与黄兄谈及诸多茗品器物之美时，我由衷地感叹：“凡赏玩之物，如不能蕴含着一个‘闲’字，便不足以称之为清雅文气。一件器物再美，如果缺乏对生命

的关照，似乎也少了点耐寻的味道。”

松风停云处，一枝菱花，两个佛手；半树石榴，几痕松影；诗情宛然，不见匠心；造出文气的小楼风景，令人钦佩不已。对于我的赞美，黄兄散淡地打趣道：“我不过是，每天捡捡点点罢了。”捡检点点，自成雅趣，需要的是一颗诗心、文心、茶心、雅心。境由心造，清福难得，这方幽深，我不知几世能够修来。

停云靄靄，炭火正红。含熏瀹泡数水后，兰香隐隐淡淡，茶汤里凸显出丝丝沉香的清凉。难道是沉香的烟云融入了茶汤，偶尔成全了宋人喜爱的沉香熟水？明代高濂在《遵生八笺》中，记载了沉香熟水的做法：“用上好沉香一二块，炉烧烟，以壶口覆炉，不令烟气旁出。烟尽，急以滚水投入壶内，盖密，泻服。”我在茶汤里品出的沉香味道，无论是素心熏染，还是熟水留香，或许就是茶的本香，此刻已不重要，我更顾念这品香啜茶的韵息美妙。

苏州的古桥古物，小桥流水，颇似旧体诗的用典，平仄顿挫，余味隽永得像唐宋的煎茶。对于苏州，每年除了清明前在西山做茶，与喜欢杭州一样，不管有事无事，经常都要去小住几晚。看看落花，瞅瞅草黄，嗅嗅满城风动的桂花香。或许前世的我，本是平江河边，一株飘摇而又寂寞的红蓼，记忆里有弄堂水巷的烟火气息，骨子里迷恋姑苏的美学味道。“前世不修今世修，不生苏杭生徽州。”即便生在如诗如画的古徽州，也算是江南了。

秋分

花美果香茶苦涩　风清露冷秋期半
无我茶会聚岱岳　木樨花窨龙井茶

花美果香
茶苦涩

我从南山的墨林古泉吃茶归来，山涧中采得一束金黄的野菊，枝干横斜，药香浓郁，清供入画。

黄昏时分，有外地茶友来访，一盏清茗知秋味。谈起茶席的插花，个人认为：花开有信，首选应季有格调的花卉，比如当下的野菊，枝形凝练疏朗，花开清雅恬静，以体现山野幽趣。席间花叶枝条的疏淡简约，用幽远空灵的精神去弥补，方显茶席的格局趣味。

说插花，品淡茶，聊其他。香花无色，色花无香。花的事业是甜美的，其花枝招展，芬芳娇媚，均是为了招蜂引蝶，传播花粉，传递遗传信息。果实的事业是尊贵的，酸苦甘甜、赤橙黄绿的果实，以其色香味形，吸引周边的动物把它吃掉。果实的香消玉殒，具有很强的奉献精神和目的性，它是为了让自己的种子，以各种途径，在可以生存的地方，顽强地生根发芽。

习茶人如我，做的就是叶的事业。造时精，藏时燥，泡时洁。精、燥、洁，茶道尽矣。而那专心垂着荫凉的绿叶呢？时时刻刻，以本能的细微变化，抗拒着虫害和人类的过度采摘。茶之为饮，从发乎神农氏，就以祭品、食品、药品、饮品等各种形式被利用着。尤其到了当代，安溪铁观音、云南普洱茶等，都存在着过度采摘现象。茶树叶片的过度采摘，严重影响着茶树的寿命和茶叶品质。因为所采的芽叶，即茶树的新梢，既是制茶的原料，亦是茶树重要的营养器官。茶树的营养合成、光合作用和呼吸作用，均要在新梢成熟的叶片中完成。所以，茶树的适度采摘，有利于茶叶品质的提高。若是茶树上留养的叶子太少，就会对光合作用产生影响，不利于有机物质的形成和积累，从而影响茶树的生长发育。

当我们叹息世风日下、人心不古、好茶难觅、茶不如旧的时候，我们珍惜过手中的茶吗？茶树越是采摘过度，其叶片越是色淡而薄，茶汤自会寡淡无味，滋味也会苦涩难饮。茶叶苦涩寡淡的日甚一日，是人心的贪求无度，也是茶树本能的无言抗拒。

每个物种但凡延续到今天，肯定有其独特的生存智慧。莫说是针对人，茶树对昆虫也是自然抗拒的。茶树在发芽的时候，同时合成了咖啡碱。咖啡碱是天然的植物杀虫剂，叶片越嫩，咖啡碱的含量就会越高。当昆虫肆意吞食嫩叶的时候，会造成大部分昆虫的肢体麻痹或中毒死亡，从而对茶树新叶敬而远之，望而却步。这也是茶园里多数昆虫蚕食老叶、不吃嫩叶的主要原因。

茶树的茗花盛开

咖啡碱的含量，表征着茶叶寒性的高低，其味在苦，它以茶汤的苦涩、刺激和浓度，制约着我们的欲望，提醒我们饮茶不要过量。茶对人类真的是够宽容了，我们还有什么理由不珍惜茶？

前年去潮州，我与叶汉钟、黄柏梓先生，登乌岽山访茶。那一年的茶树，花开得极其灿烂，蕊黄瓣白，清香扑鼻，皑皑白雪般地缀满枝头。花开满坡，令我兴奋。不料叶兄却说，一株茶树，花若开得过多，过于旺盛美丽，说明茶树的生命已岌岌可危。它像竹子开花一样，在生命濒危前，一定是拼命地绽放自己，奋力孕育着果实以传播遗传信息。可见，欲望和传宗接代，也是生物界的本能和动力。后来，我去武夷、云南等地问茶，也见过茗花大面积开放的盛景，但勤快些的茶农兄弟，会去摘花去果。茶树开花，要消耗掉茶树的大量营养物质，以优先孕育后代，对来年春茶的品质和产量，势必造成较大影响。

盛开过茗花的枝条，会因耗尽了养分而枯萎、死亡。茶树生命的灿烂繁华，在我的视野里是感伤的。此后，我很少会为满山的花开而欣喜若狂。因为生命的缤纷绚烂，是要倾其最后一丝力气的。瞬息的繁华，如烈火烹油，鲜花着锦，这意味着能量的全部耗尽。花开不必欣喜，花落无需悲伤，美物的凋落、荒芜，皆是使命所在。黛玉曾说：“人有聚就有散，聚时欢喜，到散时岂不冷清？既清冷则伤感，所以不如倒是不聚的好。比如那花开时令人爱慕，谢时则增惆怅， 所以倒是不开的好。”由此可见，林黛玉才是洞悉了生命真相的解语人。

风清露冷
秋期半

我们常说的平分秋色，就是秋分。秋分，意味着秋天过去了一半，昼夜均而寒暑平。它和春分一样，是白昼阴阳交换的节点。春分后，阳气渐长，日长夜短；等秋分把昼夜再一次均分后，阴气渐重，开始昼短夜长。燕衔余暑去，虫唤嫩寒来。此后的天气，便是一场秋雨一场寒了。

秋分后，桐枯叶黄，桂花吐香。梧桐是秋气渐深的意象，桂花是主宰此节的花神。在茶山游历几年，问茶数载，我记忆中的秋分，处处清霜雕红叶，纷纷桂子飘香远。

饱吸着空气中浸染的桂花甜香，禁不住历历回想：我曾祁红品香，龙井知味，武夷汲水，煎茶漓江。也曾翠竹幽篁，停盏酌影。一路走来，凉意入秋清可画，桂花香里人敲句。若是还有点诗情画意，想必是沾了茶的烂漫。

白露之后的茶树，不惟花开满枝，也暗自凝聚秋香。秋分

的前两天，我特地委托顾渚山的查兄，炒了几两明月峡的野生顾渚紫笋，也算是白露茶了。民间自古有“春茶苦，夏茶涩，要喝茶，秋白露”的说法。茶得时令之气，白毫显露，甘甜芬芳，泛着清秋露白的清凉。唐人有“萸房暗绽红珠朵，茗碗寒供白露芽”的况味，宋人有“道人自点花如雪，云是新收白露芽”的散淡。我也从唐诗宋词里寻章摘句，用幽美清绝的诗句，重新加持白露节气的紫笋野茶，在茶里观照古人修篱种菊的自在逍遥。

明月峡，在顾渚山极幽深处，茶生其间，其味若兰。唐代湖州刺史张文规《吴兴三绝》诗云：“清风楼下草初出，明月峡中茶始生。”明代夏树芳《茶董》记载：“明月峡在顾渚侧，二山相对，石壁峭立，大涧中流，乱石飞走。茶生其间，尤为绝品。张文规所谓明月峡前茶始生是也。”许次纾在《茶疏》中引好友姚伯道云：“明月之峡，厥有佳茗，是名上乘。要之，采之以时，制之尽法，无不佳者。其韵致清远，滋味甘香，清肺除烦，足称仙品。此自一种也。”每年的清明前，我都会如约穿行其间，于此做些野茶，取名“明月始生”。明前的“明月始生”，清甜幽细；白露采的野茶，香高水薄。春水秋香，节气使然。翦翦春水，悠悠秋香，如有机缘用二者拼配出一款私房茶，也不枉“应缘我是别茶人”了。

桂香馥馥，岁晚独芳，是令人羡慕的江浙与岭南。秋分江北的茶室，瓶供菊黄，茶溢清香。与北京、湖州的茶友相聚，瀹泡

明月峡的茶路

梅占，暗香浮动，盏中春浅。竹窠肉桂，香甘水厚，一段奇幽。悟源涧的雀舌，香欺蕙兰，竹外清婉；牛肉马肉，梅馥兰馨，岩韵幽深。数款正岩茶，清正中和，岩骨花香。

新焙的岩茶尚存火气，品完有些口干。我又泡一款三十年陈期的松烟切碎小种，茶性温凉，可抑火气。有茶在手，盏涵秋影，花气熏人。茶汤的绯红潋滟，是秋深里的春浅。竹露打湿的秋心，多像陈年小种的薄荷清凉。

秋之清冷况味，有数款热茶，温暖着恰恰好。回首自己，年过四十，白发频添，已是人生的秋分。蓦然回首，平平淡淡。了知世事，梦幻泡影。伤秋悲秋，不如乐秋。春分秋分，不若不分。萧萧落叶，不敌一片茶叶。倚茶忙里偷闲，处处都是自己的春天。

无我茶会
聚岱岳

临近重阳，我带女儿漱玉，先驱车与晨歌、端生兄茶聚，后共赴在泰山脚下的无我茶会。

好友见面，必以好茶相泡。竹影婆娑的茶斋里，瀹泡七十年代的老六堡生茶和一款普洱老熟沱茶。好茶与人俱老，久而弥香。秋气渐寒，老茶温凉，最是相宜。两款老茶开汤，均无驳杂与不良气息，汤色红浓透亮，入口糯绵甘滑，茶气充盈，饮之微有汗感。老六堡汤感滑爽，泛着浓郁的槟榔香气；老熟沱滋味粘腻，糯米香里氤氲着药香、参香。与六堡茶相比，普洱熟沱的茶汤稍厚重些，甘甜略胜。但是，老六堡茶自然陈化出来的清凉喉感，是渥堆的普洱熟茶无法比拟的。如同春兰和秋菊，各有所好，各有所胜。

两款老茶饮毕，鲁姐把叶底混合起来，用陶壶煮饮。此后，一款足火的慧苑坑老丛水仙，粉墨登场。所谓醇厚不过水仙，茶一出汤，浓郁的粽叶香和细幽的兰花香，便在室内与细碎的光影

岱庙的汉柏

武夷山的马头岩

交织着，布散流荡。我未细察，是投茶量过大，还是浸泡的时间略长，不喜浓茶的我，才倾三盏即醺人。秾华醇酽不适于我，尽管是难得的好茶，辜负就辜负了吧！

淡茶温饮最养人，好茶容易贪杯，茶醉后的危害甚于酒醉。日常生活的辣咸厚味，久食令人口重。表现在饮茶上，感觉不浓不够刺激，甚至索然无味。其实不然，常饮浓茶，对健康着实不利，应引起重视。浓茶味厚，味厚则泄，泄泻发散太过，必然伤及五脏六腑。清代李渔说过：味浓了，则真味常被他物所夺，失其本性，这也是茶浓夺香的道理。

晚聚一枝莲茶府，素心居士抚琴，晨歌先泡珍藏多年的老铁观音，安安姐后瀹东方美人与阿里山金萱。东方美人蜜香浓郁，金萱奶香醉人。最喜晨歌的传统老观音，瀹泡十余水，仍汤甜爽滑，余香满口。前两水，稍具陈味，熟果香显。等陈茶在沸水中慢慢润开，三水后，绽放出时光的陈化之魅，熟果香陡变为幽幽的花果香。待花果香淡去，隐隐的木香、药香渐次呈现。再看叶底，依旧黄褐柔活，绝无碳化和焦化迹象。

一日之间，与诸友消受好茶数款，自叹清福不浅。好茶，总有一些令人愉悦的共性，无浮气，无青气，无杂味，无霉味。水滑、气沉、香幽，韵深。香气变化有层次感，且数泡之间，香气不会有太大落差。历经岁月沉淀的茶，会越饮越甜，无火气，无燥感，饮后咽喉有清凉感，入腹胃肠有温暖感，腹背有明显的汗感与体感。

次日的九九重阳，泰山脚下岱庙里的唐槐院里，一场近百人的无我茶会，在秋阳疏影里缓缓拉开序幕。抽签定位后，我和女儿席地布一陋席，清供翠竹一枝、黄花一簇，一壶四盏，瀹泡马头岩肉桂，汤色如花，茶香似果，结缘左侧的三位宾客。

无我茶会，主张无我、平等、分享、奉献精神，它肇始于千利休配合丰臣秀吉举办的北野大茶会。无我茶会，最早是由台湾的蔡荣章先生发起的，尔后风靡国内。因此，无我茶会总带着些日本茶道的影子，过多地陷于形式和仪轨，少了对茶汤香气、滋味、气韵的关注，这也是日本茶道与中国茶道的方向性分歧之一。其实，不论是哪个茶道，都应该包含着对生命的观照，以安顿身心，极高明而道中庸。吃茶应持平常心，在当下中无我，忘却林林总总，尤其在这千年古刹，止语之刻，茶性、人性、佛性，容易归于般若一味。人在红尘中漂泊，难以无我。若能在吃茶、敬茶、礼茶之中，觉知当下，无我无执，不就是“吃茶尽在一得间”吗?

木樨花窨龙井茶

月近中秋，杭州的旧友，快递寄来满觉陇的桂花，娇小的花蕾，红黄相间，香沁透纸。

位于杭州西南的满觉陇，自唐代起，就遍植桂花。传说杭州曾有“雪”之三绝：西溪的芦花，名之秋雪；灵峰的梅花，名之香雪；满觉陇的桂花，名之金雪，皆是动人心魄的春色秋妍。我几乎每一年，都会去虎跑泉喝喝茶，到满觉陇走一走。清人张云敖的《品桂》诗云：“西湖八月足清游，何处香通鼻观幽？满觉陇旁金粟遍，天风吹堕万山秋。”满觉陇的桂树，偃伏石上，风吹花落，满阶满坡，细细密密，像极了金碧辉煌的香雪。

桂花性温，味辛香；入心、脾、肝、胃经，有行气化痰，止血散瘀的功效，因此民间常用于入药、做粥、酿酒等。《药性考》记载：（桂花）“窨茶造酱，调食芬馨，开胃生津。”

今春的西湖龙井，还余一斤，正好可用满觉陇的桂花来窨。

杭州狮峰龙井茶山

先把一斤龙井与二两新鲜桂花混合均匀，密封在铝箔袋中，两个小时后开启，把桂花从茶中筛分出来它用。初窨过的龙井，经稍稍干燥后，再在茶中拌入等量的桂花，进行第二次窨制。三小时后，筛分出桂花，或煮粥，或作桂花山药，物尽其用。

窨过两遍的龙井茶，要及时烘干。茶中吸饱了桂花香，把秋香圆满地融进在春色里，桂花龙井便告成功。满觉陇的桂花与西湖的龙井茶，历经半年的时光后，在茶盏里有了完美的松梅般邂逅，堪称艳遇清欢。一个是春叶，一个是秋华，春叶秋华，和合成为桂花龙井茶，茶里便裹夹了清明与秋分的气息和能量，能让爱茶人二美得兼，也算是因缘具足了。

以“满陇桂雨”著称的满觉陇，也有三绝，分别是虎跑水、龙井茶、桂花香。龙井茶清心，桂花香行气。蕴藉了桂花香的龙井茶，春华中撷了桂香的幽深，秋香里添了春茶的清馥，如果再用虎跑的泉水瀹泡，好茶、好花、好水，该是多么美满的天造地设！若是在雪落的冬夜品它，清明的茶，秋日的花，茶引花香，花益茶味，诸多浪漫相逢在一瓯里，盏里若再铺陈着皎洁的月光，又该是多么的温暖与缱绻。可惜呀！圆满的，从来不是真实的人生。

明代朱权的《茶谱》里，详细记载了薰茶之法。当花含苞待放时，凡百花之有香者，都可拿来窨茶。窨茶之花，最好选择清灵有格调的鲜花。明代张源在《茶录》里告诫：“茶自有真香，有真色，有真味。一经点染，便失其真。”我嗜茶日久，于茶恭敬，将此奉为圭臬。奈何满觉陇的桂雨、上天竺的芬芳，诱惑太大，让人“不羡明前初摘叶，只贪手里杯馨流”。偶尔做些沾染花香的茶，让我在桂花香里婉约一把，也无伤吃茶的清雅。

茶里有花，稍损茶味。如果心是通透的，同样能品出林泉高致，一样饮得疏风朗月。窨好的桂花龙井，别有一番滋味，一杯在手，人茶俱香。黄庭坚有“花气薰人欲破禅”。陆放翁也有“春物撩人也破禅”。其实，能破掉的，都是浮夸的行为艺术，与禅定无涉。如同那些天天吆喝着修行与放下的，又有几人能真正看破？明代刘士亨《谢璘上人惠桂花茶》诗云：“金粟金芽出焙篝，鹤边小试兔丝瓯。叶含雷信三春雨，花带天香八月秋。味美绝胜阳羡种，神清如在广寒游。玉川好句无才续，我欲逃禅问赵州。”这充分说明，自宋至明，可点的不惟有绿茶，也有馥郁清婉的花茶。

寒露

云白柿红饮南山　茶烟轻煦以熏月

中秋瀹饮大红袍　柿红桔绿寒露茶

云白柿红
饮南山

金秋九月，菊黄萸紫，柿叶红翩，是南山吃茶的好时节。趵突泉虽贵为天下第一泉，但因喷涌势急，水质偏硬，不太适宜泡茶。陆羽《茶经》里讲的“山水上”，是有制约条件的，是“其山水，拣乳泉，石池漫流者上”。当然，南山也有诸多水质甘甜的名泉，但都隐在古村和山涧中，若与江南的名泉相比，水质还是偏硬了些。

晨起，与晓东、鲁雪诸友齐聚南山。白云下，溪流边，草木深处，汲泉白石。攀循山径，身沾秋露，衣染药香。及至山腰，于老柿树下，青石板上，布山居茶席。清供红果、野菊，垒石为灶，壶煮山泉。待水三沸，瀹“白素真”， 炉火汤红。树影婆娑，茶烟起处，有习习秋风，脉脉茶香。

白素真，是用政和大白茶压制的一款陈年饼茶。叶大质厚，铁骨柔情。外表似关西大汉，其滋味、茶韵，却是十七八岁女

郎，执红牙板，歌“杨柳岸，晓风残月”。这种外表与内质的巨大反差，甚至让我怀疑人生。政和大白茶不同于福鼎大白、福鼎大毫茶，它晚熟、梗长、毫疏、叶厚、色深。长得丑、采得晚，默默无闻两三年。待三年后，它会突然变得惊艳，厚甜醇滑，香清如兰。好茶不负人，无求品自高。素心自此得，真趣非外惜。

箕踞山石之上，把盏啜饮。放眼处，柿红枝头，疏林如画。耳畔虫鸣清唱，蛩语悲吟。鼻观野菊清芳，缕缕药香；眼前浆果，红莹晶黄。口中之茶，舌底鸣泉，过喉醇香。三碗过后，渐饮渐暖，身发轻汗。山野清秋，桔绿橙黄，红叶翩翩。菊白柿

红，几声虫喧，不惟萧瑟，似春盎然。

午后友散，女儿在山中采花摘果。我独自执卷，吃茶溪边，瀹泡数日前窨制的桂花龙井。龙井浅碧，如春蕊朵朵。好茶必发于水，豆花香里，汤厚水滑。盏底汤表，甜甜的桂香，馥郁悠远。春茶秋花的偶遇天成，茶味里育化出春天里的秋天。见微知著，一盏茶里，春水里涨满了桂花的秋意，秋味中绽放着翠绿的春天。斗转星移，时序轮转，人生何必春悲秋怨？秋月春风，不过是淡尽了又浓、深红复浅红。

溪水淙淙，卵石圆立，青苔招摇，激起涟漪。朱熹曾在庐山脚下，退隐静修，白鹿洞外，枕流漱石。秋凉石冷，临水吃茶，我不敢去效仿古人，只能于中观物义，读读《枕流桥》诗罢了，“峡急岂有心，临桥石相激；蓦惊桥上听，夕阳人独立。”

齿漱山泉，有茶相伴。手挼草药，熏衣染香。南山的清泉黄菊，山里的茶香秋况，让我自在悠闲了一天。有位哲人曾说：“山不来就我，我便去就山。”人生本该如此，当我们无力改变城市的居处，可以茶为媒，去营造一个小的环境，让心诗意的栖居。山柿红犹涩，茶盏热更香。南山向晚，坐息尘心。一日得闲一日仙，人间有味是清欢。

茶烟轻飏以熏月

古代帝王有春天祭日、秋天祭月的社制。《礼记》记载："天子春朝日，秋夕月。朝日已朝，夕月以夕。"民间也有祭月赏月的习俗。宋代吴自牧的《梦粱录》说："此际金凤荐爽，玉露生凉，丹桂香飘，银蟾光满。王孙公子，富家巨室，莫不登危楼，临轩玩月，或开广榭，玳筵罗列，琴瑟铿锵，酌酒高歌，以卜竟夕之欢。"中秋在望，我谨循古风流韵，布一茶席，以茶祭月，谓之"熏月"。

茶选武夷山水帘洞的奇丹，火气已退，高温瀹泡，香气若桂，稍带兰香。奇丹又称纯种大红袍，属中叶类晚生灌木，叶型长椭圆，以清雅幽长的桂花香见长。它与武夷山九龙窠峭壁上六株母树的第2、6株同源。能与奇丹并列称为纯种大红袍的，还有母树第3、4株的北斗品种。

正岩奇丹的气息，与月中桂树相应，双桂竞香，着意成双。

花器选用七十年代小梅瓶，茶叶末釉，正面阳刻一“和”字，主枝为珊瑚红果，点缀些篱下翠竹。金秋月下，如能拾香一枝桂花入席，的确清美应景，但念及月中已有桂树，孟臣壶中，若琛杯里，奇丹桂馥兰馨，氤氲席间。因此，我遂取梅瓶，清供翠竹数枝，娑婆筛月；珊瑚红果点缀其间，平添几分秋意。

若取南山柿红，横陈茶席之间，煞是好看养眼。奈何山高路远，还是持平常心，近取诸身更佳。家园邻圃之花，与周边环境最是相得益彰。漱玉泉水，茶煎月色，茶烟轻煦，果红凝秋，可邀嫦娥同酌。月光如水，秋色霏霏，红烛照影，小饮能破清寒。天上人间，双桂芬芳。薰人气自华，薰月影入茶。疏影横斜处，天然清淡，都是物外清福。桂香清近佛，幽人撷其芳，依花傍月泡茶，有怀都豁，平添一段雅趣。虚白浮秋，茶香起处，月色溶溶入盏，共饮团圆。

老子《道德经》警示我们说：“五色令人目盲 ，五音令人耳聋，五味令人口爽。”月下饮茶，虽近同盲品，但却更接近品茶的本质。对于品茶，我们常常表达为喝茶、吃茶，而不能是看茶、听茶、嗅茶，就是因为茶汤是茶的灵魂。喝茶本是喝汤，品茶要用口，三口为品，四口为啜。只有忽略了外界干扰，忽略了过度包装，忽略了茶之外相美色，口腔对茶汤的滋味，对茶汤的细腻度、顺滑度、粘稠度，对茶汤的气韵，对香气变化的捕捉，才更加敏感准确。唯有如此，才能对茶的优劣，及时做出客观精准的判断。文徵明写有茶联："寒灯新茗月同煎，浅瓯吹雪试新茶。"寒灯与新茶，月色和雪花，都是清寒之物，皆非宜茶之境。在孤寂清冷之境，饮茶过寒，必然会损伤身心。在风霜萧然的雪夜吃茶，是需要红泥小火炉的，哪怕燃一支今晚茶席上的红烛，也能多一点温暖。

唐代刘禹锡的《尝茶》诗云："今宵更有湘江月，照出霏霏满碗花。"月色与茶，确有不解之缘。云南景谷还有一款大叶种茶，白毫特显，茶味清香，于是，世人便参照白牡丹的工艺，去做成了白茶。茶青经萎凋、干燥后，条索灰白，银毫闪烁，犹如皎洁的月光洒在茶芽上，故美其名曰"月光白"，又称"月光美人"。传说顶级的"月光白"，是在月圆之夜，由沐浴后的俊俏少女，采摘景谷的大白茶青，在月光下萎凋而成的。很有意趣的是，台湾东方美人茶的花蜜香，须有小绿蚁的助阵参与；而云南月光美人的茶韵，则需要有皎洁的月色融入。茶的许多传说，有时美得不足为信，但是，我们枯燥无趣的生活，还是需要适当美化和诗化的，何况是有滋有味的茶？

中秋瀹饮
大红袍

那年，我从厦门乘车到武夷山，恰是中秋。路上接到太原小卿的短信："中庭地白树栖鸦，冷露无声湿桂花。今夜月明人尽望，不知秋思落谁家。"王建的这首《十五夜望月》，此刻读来悲感交集，尤其是"今夜月明人望月"，深深触动我那为商旅奔波、每逢佳节倍思亲的柔弱内心。往事也堪回首，我33岁从国企断然辞职，做水处理工程的那几年，几乎没能陪女儿过一个团圆的中秋。女儿是父亲永远的软肋，写至此，不禁潸然泪下。

爱茶之人，心与佛靠得更近。中秋月明之夜，我登上天心寺，去禅房挂单，客居天心。山月正圆，梵音清越，香烟缭绕中，我一个人拖着背影，褰衣步月，脚踏花影，炯如流水涵青蘋。过大红袍祖庭，散步至鬼洞与牛栏坑山路的交叉口，感其境过清，又信步折回。那晚的山月，分外皎洁，山路如积水空明，松柏竹影，婆娑交横。道旁盛开的茗花与山桂，花团雪明，清芳扑鼻。佛境未入，心境却清。

回到客房，我用随身携带的霁红盖碗，瀹泡泽道法师惠赠的一款大红袍。夜静山空，人静心静，缓缓注水泡茶，沸水一与油润紧结的干茶相遇，茶香便肆意弥漫了客房。汤红如玉，心生暖意。茶汤气息纯净，入口清透，有细滑粘稠的胶质感。最令我吃惊是，潜伏在茶汤里的那桂馥兰馨的幽香，一掠过口腔，便直抵咽喉深处，还弥漫扩散着幽微的清凉。难道这就是茶气充盈厚实的“气味清和兼骨鲠”？瞬间，我对武夷茶的岩骨花香，有了新的认知与领悟。

武夷山三十六峰，七十二洞，九十九岩，岩岩有茶，茶各不同，生态各异的茶山小气候，造就了武夷岩茶的品质高下不等。又加上繁复精微的焙火工艺，使岩茶成了乌龙茶中品系复杂、较难喝懂的茶类之一。许多人讲：“三年喝不懂岩茶，很正常。”这种说法并非夸张，本质上还是为“火”所误，使人不得门径而入。但是，如果真正理解了苏轼的“骨清肉腻和且正”，与乾隆皇帝的“气味清和兼骨鲠”，一晚上喝明白岩茶，便成为可能。一款工艺精到的传统正岩茶，汤中香凝若骨，且有肉汤一般细腻的质感。香气清远，无驳杂味，无焦灼气息，为正。不苦不涩，滋味协调，为和。正岩茶的香远韵深，是指香气能够过喉。不能过喉的，香气只在前半个口腔内盘桓，或者回甘与香气，只在舌尖一点，而不能向口腔后部扩散的，即可理解为香短韵浅。

品茶一人得幽，月圆之夜的大红袍，让我醍醐灌顶，明白了正岩茶与外山茶的本质区别。过去喝到的岩茶，香短味薄，不是轻火有杂味、有青涩气，就是有高火碳化的焦糖香。不止是火，有段时间也为“香高”所误，于是越喝越迷惑，越喝越纠结，直到今晚才始有所悟。啜过始知真味永。习茶认知水平的提高或质变，在于在对的时间里遇见对的人，又能有缘品到一款质地纯正的标杆茶。

中秋之夜的天心寺，风影清似水，花枝冷如玉。松竹影里，细啜慢饮，心下自省，有一夜闻道的快意。唐代的扣冰古佛，曾于中秋之夜，在此对着明月豁然体悟：“云遏千山静，月明到处

传说中的大红袍母树

通。一时收拾起，何处得行踪。”并感慨：“欲会千江明月，只在天心一轮光处，何用捕形捉影于千岩万壑，以踏破芒履为耶？”这禅境即是“天心明月”的出处，天心寺之名便由此而得。 六百多年前的明人胡濙，同样在风清月明之夜客居天心，写下茶诗《夜宿天心》：“云浮山际掩禅院，月涌天心透客居。幽径不寒林影下，红袍味里夜可无？”世易时移，等闲变却故人心。大红袍的过去滋味，可能早已改变，但我相信，不变的是其茶性及萦绕在心头的清香。

大红袍，虽名满天下，但在世人的眼中，已成为闽北条索状乌龙茶的代名词。客观地讲，生长在九龙窠岩壁上的六株大红袍，是三个不同的品种组合，可尊为母树大红袍。而从母树上剪枝扦插、无性繁殖的北斗和奇丹，遗传的是母本的单一性，没有代际之分，故属于纯种大红袍。而用肉桂、水仙、名丛、奇种等拼配而成的岩茶，称之为商品大红袍。

在茶人的视野里，好茶自会说话，而非如雷贯耳的名头和花样。至于茶是谁做的？是否是大红袍？这些并不重要。因为在数不清的岩茶品种里，比大红袍更好喝的，多之又多，像是水仙、肉桂、铁罗汉、白鸡冠、雀舌、不知春等等。爱茶人注重的，是武夷岩茶的醇厚与岩骨花香之胜；关注的，是茶汤里暗绕的香清甘活。

柿红桔绿
寒露茶

秋露，是天气转凉变冷的标志。仲秋白露节气，露凝而白。到季秋寒露时，已是露气寒冷，将凝结为霜了。

薄薄轻轻寒露雨，微微飒飒早秋风。寒露的北方，随处是柿橙叶红景象。闽南的茶山，却是郁郁苍苍。寒露前的最后一周，天高气清，昼夜温差大，最适于做出香气清扬的铁观音茶。这十天左右所采的茶，称为正秋茶。

清代屈大均在《广东新语》里，对采茶有如下评价："岁凡四采，采于清明、寒露者佳。"白露至秋分的茶，属于早秋茶，如果不是秋雨连绵，所产的秋茶，也是秋香袭人。秋分之后，随着降雨量的减少和气温的降低，秋茶的香韵渐入佳境。对大多数茶来说，春茶好于秋茶。唯独铁观音的秋茶，却是观音韵足，香气夺人。铁观音虽然春水秋香，我却独爱春茶的含蓄内敛。春茶开采时，正值安溪多雨的季节，此时的春茶，叶片肥厚，内含物质丰富，茶多酚含量适宜，茶氨酸与果胶物质含量高，因此，茶

汤香气细幽，滋味顺滑，鲜爽醇和。秋茶虽然香高气扬，但是，由于光照较强等原因，叶片稍薄，滋味略粗，香气没有春茶绵长持久，过于锐利飘渺。秋茶入口清甜，少了春茶的微苦回甘。

铁观音茶，美如观音重如铁。其美名，据说是乾隆皇帝御赐的。铁观音色泽的乌润紧结，茶色如铁，颗粒沉重似铁，描述的都是头春茶的外观特征。而秋茶的色泽，却偏翠绿，颗粒较轻。十余年前，铁观音以其清香味醇，风靡大江南北，打破了中国北方曾以茉莉花茶、低档绿茶为主导的饮茶历史。许多资深茶友的品茶经历，都是从对铁观音余香满口的迷恋开始，并由此登堂入室的。铁观音凭借新工艺的清汤绿水，在当时可谓香艳惊天下。当人们对发酵轻、焙火轻，以香取胜的清香型铁观音，有了清醒

的认识与感受以后，其饮茶人群，又逐渐开始向武夷岩茶、红茶、普洱茶、白茶等茶类进行分化。

清香型铁观音的现代工艺，为营销以香夺人的效果，不像过去那样，依靠多摇青、少摊凉，完成茶青的充分走水过程，而是有意识地借助了空调等调温、抽湿设备，轻摇青、长静置，依赖静置失水，而不是传统的依靠摇青走水，如此便保持了干茶的外观翠绿、茶汤青绿、叶底鲜绿的“三绿”特征，走出了一条乌龙茶偏向绿茶化的路子。清香型铁观音，因茶青发酵轻，青气重，含水率高，易变质，故需冷存。传统工艺的铁观音，走水彻底，发酵到位，兰花香浓，回甘明显，刺激性小。若再经适当炭焙，汤色金黄清透，滋味甘醇厚重，香气馥郁隽永。等级稍高的，花香、熟果香里常伴有淡淡幽幽的奶香气息。

六大茶类向前发展的每一步，都是承接古人，师法传统，在需求、利人、妥协、好喝等因素的驱动下，坚实地从失败与改良中走出来的。茶品的创新，首先应该立足传统，靠近传统。远离传统，没有传承的凭空创新，是无本之木，无源之水。茶江湖里，出来混，迟早是要还的。

朋友捎来一枝山柿，准备清供茶室，然女儿手快，把红柿悉数摘走。寒露之夜，茶室里灯火通明，梅瓶里空余柿树枝叶，倍添寂寥。盏瀹2008年切碎的祁红特茗，色泽乌润，红汤金圈，滋味甜醇，玫瑰香浓。

寒露后，雨水减少，气温骤降，燥气当令，应滋阴润燥，收敛神气，养“收”之道。饮茶不可过于寒凉，以焙火到位的红茶、炭焙乌龙茶、普洱熟茶为主，兼以生津较好的绿茶、白茶。清香型铁观音、普洱生茶，苦寒并重，少饮为佳。

霜降

在水之湄蒹葭思　秋读西厢伴美人

秋气之应说茶陈　霜降幽林沾惠若

在水之湄
蒹葭思

秋气盈盈，天高露冷。我在南山，穿行溪涧，寻幽觅泉。两岸蒹葭苍苍，溪中苔青覆石。忽见清波潋滟处，卵石间丛生数穗红蓼。几叶青翠伴秋黄，水边疏影，妩媚娉婷。

幼读《诗经》，有蒹葭之思。近年好茶，常想布一茶席，以释年少情怀。以美人喻茶，东坡有“从来佳茗似佳人”。写佳人泡茶，王元美有“柳腰娇倚，薰笼畔，斗把碧旗碾试”。描绘美人品茶，崔钰有“朱唇啜破绿云时”。清涧碧溪，寒花疏寂；苇白蓼红，柔情似水，让人恍入《诗经》旧梦。“蒹葭萋萋，白露未晞。所谓伊人，在水之湄。”脉脉蒹葭白，袅袅水蓼红。静美的蓼花，曾是我童年的回忆与莫名的乡愁。静闲宜红蓼，红蓼秋瘦，早已成为深秋寄情抒怀的意象。在水之湄的伊人，就是那席意蕴深长的香茶。

关于红蓼，北宋司马光有“玉盘翠苣映红蓼”；苏轼也有

与茶树伴生的红蓼

诗：“雪沫乳花浮午盏，蓼茸蒿笋试春盘。”“蓼茸”是水蓼的嫩芽，古人用开水焯过后凉拌而食，也可清炒。贾岛诗云：“食鱼味在鲜，食蓼味在辛。”不管是司马光的“玉盘”，还是苏轼的“春盘”，都属五辛盘。盘内盛满葱、蒜、韭、芥、蓼等一起，以五辛发五脏气，以辛养筋脉。另外，“辛”与“新”谐音，大有迎春、咬春之深意。古人种蓼为蔬，而和羹脍。红蓼，不仅是鲜美的野菜，而且能疗妇科诸病，也可制曲酿酒。古代的蓼曲，即宋代《本草衍义》所说的“今造酒取叶，以水浸汁，和面作曲，亦取其辛耳”。

宋代陈景沂的《全芳备祖》记载：“越王念吴，欲复，怨非一旦也，苦思劳心，夜以继日，卧则尝蓼。”蓼味辛辣且易得，我更倾向于此。如是之，那么越王勾践的卧薪尝胆，就成为“卧薪尝蓼”了。

我在水边，以石为灶，煎水泡茶。白石绿苔间，布席“蒹葭之思”。蓼红花繁，临水照影，几枝醉秋，自然入席。朱泥思婷壶，梅青斗笠盏，安放于藤编乌木茶盘内。老银壶，煮清泉，瀹茶两款奇兰。

茶为山中清物，生于幽谷深涧。问茶寻香，道阻且长。好茶难逢，如佳人幽居空谷。此席茶选奇兰，有伊人若兰、“美人娟娟隔秋水”的引申。茶贵采时，凌露采焉，故茶又有“兰芽”之喻。宋词有“兰芽玉蕊，勾引出，清风一缕”。临水泡茶，犹兰芽浸溪，契合席意。

茶席设在溪之上游，寓煎茶之要，宜源头活水。奇兰、活水，幽人、蓼花，一期一会。流水生香，品茶知味。遂即兴赋诗一首：“静临溪水碧，闲看浮云白。谁怜翠色寒，我啜茶一盏。蓼花结晚红，黄叶向秋凤。秋水影偏深，茶意不可寻。”

武夷山的奇兰，继承了闽北乌龙的条索形状，焙火较重，汤色红浓，滋味醇和，有着墨兰的甜甜幽香。闽南平和县的白芽奇兰，干茶翠绿油润，呈包揉过的颗粒状，汤色杏黄，滋味鲜爽，有素心兰的淡淡馨香。同是品种相同的奇兰，却因闽南、闽北的制作工艺而悬殊甚大。制茶技术和习惯的传播是一个因素，最终影响土著居民口感与技术选择的，还是文化背景的差异。闽北曾是朱熹的故乡，山林沧茫，民生多艰，多食咸辣，故闽北的茶，滋味厚重、内敛醇和。闽南近海，饮食清淡，开放的海洋文化，影响了闽南茶的鲜爽高扬、气息清雅。由此可见，茶席与茶的变化，数千年来，从未远离过文化。

所谓文化，即是“观乎天文，以察时变；观乎人文，以化成天下”。茶文化自神农至今，糅合儒释道，凝结茶中而又游离于茶外，它的形成绝非一蹴而就，一朝一夕。因此，那些动辄以茶文化贴金，并作为标签和噱头的振兴与发展，是对文化的亵渎，只会暴露出自己的低俗与野蛮。文化不容肆意践踏，亟需在与时俱进中，呵护好其主脉，方能根深叶茂，源远流长。

秋读西厢
伴美人

泉城的黄昏，冷雾缠绕，细雨霏霏。书房里，炉宿余香，檀沉清芬。红木平头几案上，清供故乡道旁采来的旋覆花。一枝数朵，虽近萎黄，无碍茶香，尤助清况。

清寒之夜，最适合起炭煮水。从炉子里冒出的温暖火舌；木炭爆裂发出的噼噼啵啵声响；煮水的“嗖嗖欲作松风鸣”；水之将沸，腾波鼓浪的咕嘟声；都是寒夜里泛着茶香的最动人的天籁之音。炭火有焰、热值高，水沸腾得快，因此，古人把有焰之火，称之为活火。上好炭火煮沸的水，柔软甘甜，活水还须活火烹。

寒夜里的烟火气息，是有过此种体验的人，铭刻在记忆里的温暖。白居易诗云：“绿蚁新醅酒，红泥小火炉。晚来天欲雪，能饮一杯无？”诗中的“红泥小火炉”，把读它的人的内心，照彻温馨了千余年。寒雨之夜，更深何物可浇书？自然是一盏香

茶。于是，红泥炉起炭煮水，用思婷朱泥壶，瀹泡许久未饮的东方美人。

东方美人，又名膨风茶或白毫乌龙。它主产于台湾的新竹、苗粟一带。近年云南的蒙自也有种植，是发酵最重的乌龙茶属。前年，我和迎新组织的网络户外茶席活动，就是用云南蒙自制作的东方美人，作为奖品分享的。当时户外茶席的宗旨，是鼓励旅行在外的爱茶人，能用手机随时拍下自己喝茶的真实场景，随心记录下在某地某时油然而生的品茶感触。

东方美人茶的品质，既取决于茶青的制作工艺、发酵程度，也与端午节前后，小绿叶蝉蚁对一芽两叶茶青的叮咬、着涎程度有关。正因为茶园要故意培养小绿叶蝉群聚，人为“虫害”的故意存在，才使得东方美人茶的茶园，不能随意喷洒农药，从而饮用相对安全。东方美人茶的特殊花蜜香，是在茶树受到叮咬后产生的特殊成分，茶树凭此呼救信息，吸引小绿叶蝉蚁的天敌来保护自己。招虫灭虫，其中蕴含着自然的物竞天择、相生相克。

东方美人干茶，条索紧结，干茶白、绿、黄、红、褐五色相间，宛若敦煌壁画的羽衣飞天，五彩斑斓。人与昆虫通力合作，成就的好茶难得，我怎会舍得洗茶呢？取小银壶煎水，朱泥壶随心而泡，汤色橘红金黄，明澈鲜丽。入口顺滑香幽，徐徐津生。馥郁的蜜甜香里，茶汤点滴入盏，茗芳浮盏，是胭脂泪，相留醉。“有美人兮，见之不忘。一日不见兮，思之如狂。”风流蕴藉的回味中，有崔莺莺待月西厢夜听琴的缠绵。“野有蔓草，零露漙兮。有美一人，清扬婉兮。邂逅相遇，适我愿兮。”口齿噙香的回甘里，有《诗经》里相逢美人的欣喜。风华绝代的东方美人，最是温润可心。用心品过，方知此物最相思。

有“美人”茶相伴，夜读《西厢记》，自叹清福不浅。《红楼梦》中，黛玉在沁芳桥畔，桃花树下，捧读《西厢记》手难释卷，写下了柔肠寸断的《葬花吟》。我细读：“碧云天，黄花地，西风紧，北雁南飞。晓来谁染霜林醉？总是离人泪。”只觉词藻警人，余香满口。可是，我有怜玉之心，却无咏絮之才，只能愧对寒夜里的这一盏茶汤。

云天、花地、风来、雁飞、林醉，五彩缤纷。云碧、花黄、风紧、雁褐、林红、霜白，五色斑斓；深秋里的色彩，恰似且读且饮的东方美人茶的五色尽现。

秋气之应
说茶陈

明末周亮工在《闽茶曲》写道："雨前虽好但嫌新，火气未除莫接唇。藏得深红三倍价，家家卖弄隔年陈。"作者并自注云："上游山中人不饮新茶，云火气足以引疾。"周亮工很清醒地认识到，新茶在杀青、焙火的工艺中，会残留火气和燥气，可能会使口腔产生不舒适的感觉，尤其是在春秋季节，燥邪伤肺，更不利于身心健康。新茶应待以时日，等火气全消后再品更佳。如果是武夷岩茶，等到汤色深红，火气退尽，其品饮与经济价值会高出数倍。尽管周亮工后来又否定了自己，但是，在文献中首次提出喝茶不宜太新养生观念的，周亮工算是第一人。

梳理六大茶类的演化历史，制茶技术的发展基本如此：稳定靠杀青，生香靠做青，风味靠发酵，提香靠烘焙，臻化靠贮存。

传统杀青工艺的绿茶，如碧螺春、西湖龙井等，在制作完毕后，常常会放置在生石灰缸里，贮存一周或数月不等，待茶中水

鬼洞的铁罗汉

分降低，青味散掉，寒性减弱，火气退尽后，品饮最宜。此时香纯味厚，无口干舌燥之虞。八十年代以前，茶区没有冰柜，缺乏电焙条件，茶的干燥方式，主要依靠炒干和炭焙。那时的传统绿茶，杀青透，吃火足，香气厚，含水率低，耐储存，不易变质。现在的很多人，缺乏必要的鉴茶常识，故多被不良商家误导，过于注重茶的观感，是否碧绿？过于在乎茶的外形，是否细嫩？因此，这种贬叶扬芽的扭曲饮茶观，传导给市场的错误信号，必然是刻意制作低温杀青的绿茶，或是催芽剂催生的芽头茶等。这类越采越嫩、越做越绿的茶，往往青涩气较重，香气不扬，不耐高温冲泡，不耐久存，饮后对肠胃刺激较重。这也是人们误以为绿茶伤胃的主要原因。

武夷岩茶、凤凰单丛、台湾乌龙和铁观音，其传统工艺发酵适中，焙火到位，待以时日，火气退后，茶香入水，汤趋厚滑，味益甘甜。经年的传统铁观音，高扬的兰花香里，会衍生出更温润的熟果香、乳香等。储存良好的武夷岩茶，花香会向更成熟的果香转化。值得注意的是，当茶的综合香气，到达一个峰值后，必然会掉头向下，逐渐趋于弱化，向低沉的木质香、草药香、枣香等变迁。清末连横的《雅堂文集》里，对铁罗汉老茶的妙用曾有记载："新铁罗汉滑而无骨，旧铁罗汉浓而少芬，必新旧合拼，色味得宜，嗅之而香，吸之而甘，虽历数时，芳流齿颊，方为上品。"

红茶是发酵程度较高的茶类，经干燥或焙火后，新茶火气较重，退火后再饮，滋味更佳。只有炭焙或经电焙焙透的红茶，经密封陈化后，香气才富有变化，滋味趋于甜醇，耐泡度增加。我品过二十年左右的祁门红茶，除保留了幽微的类玫瑰花的品种香外，茶汤里多了类哈密瓜的果香。三十年左右的传统正山小种，桂圆汤香里有了薄荷糖的味道，饮过身心通透，喉吻清凉。

白茶经过萎凋、干燥，轻微发酵，保持了茶青中较多的原始活性物质。新茶寒凉，可能微有青气存在。在常温、密封的自然条件下陈化后的白茶，茶汤清甜，寒性趋弱，香气会呈花香、蜜香、秋梨香。等级高的野生老丛白茶，花果香里伴有奶香微微。过嫩的白茶，如白毫银针，经不起时间的陈化。陈化年久的白茶，叶色渐深，乃至红褐，有些会呈碎片化。茶汤从杏黄明亮，逐渐向橙黄、橙红、深红过渡。茶汤渐红的老白茶，可瀹泡、煮饮，滋味甜醇，成熟的花香、果香、粽叶香、木质香、枣香、药香等，在茶汤中会随陈化浅深而次第呈现。

普洱茶、安化黑茶、藏茶、六堡茶、湖北大青砖等黑茶类，梗粗叶大，粗茶细做。只要品质可靠，工艺到位，后期茶的陈化，会逐渐趋于醇和厚滑，汤色如花。黑茶在有限的时间内，可能会越陈越香，但当越过茶香曲线的拐点之后，香气会趋于低沉。在一定的时间范围内，伴随着茶香的减弱，茶汤会渐渐趋于濡滑厚甜。

有一点需要澄清，古人所讲的陈茶，一般是指次年或第三年的茶，并非数十年乃至百年。周亮工虽然说过“家家卖弄隔年陈”，但是，他后来又说：“闽茶新下，不亚吴越。久贮则色深红，味也全变，无足贵者。”周亮工对茶的深刻认知，无疑是理性和客观的，他甚至比今天那些陷于利益中的所谓“茶人”，更加清醒与敏锐。陈茶滋味醇厚，并非是说可以无限期的“久贮”。周亮工眼里的武夷茶，三年就会臻于完美，又何必再久？再久可能适得其反。莫说是茶，即使是药用的陈皮，其综合药效也是存放两三年的更佳。古人取药之陈，主要为避免其刺激性和毒副作用，而非越陈越好。

新茶得春天生发之气，虽滋味鲜爽，色泽悦目，但苦寒并重，生发之性太过，需存放时日，等茶性收敛、火气渐消之后，会更甜爽，有益身心。茶质稍陈之后，苦消甜增，沉香凝韵，性趋温和。茶叶内含的大分子物质，伴随时间的陈化，逐渐裂变成可溶且易吸收的小分子物质。茶汤由此变得更加细腻厚滑，易于吸收入血，呈现出陈茶特有的体感、汗感、清凉感和饱腹感。

霜降幽林
沾惠若

兼葭苍苍，白露为霜；漫山红遍，层林尽染。是霜降这个肃杀的节气里，饶有趣味的两种意象。霜降的茶山，山明水净，树树深红出浅黄。茶树在这个时令，可以看到很有意思的“带子怀胎”现象。也就是说，在同一株茶树上，能够同时看到今年的花蕾含苞、花开蕊黄和去年的茶果黑黄。霜降前后，枝头上去年的

茶果开始成熟，落地后便可生出小茶苗。

霜降的西双版纳，秋雨已歇，此时的谷花茶，白毫若莲，其香如荷。广西苍梧的六堡茶区，有采霜降茶的习惯。六堡茶中的霜降茶，耐泡且有特殊的香气，又称霜降香，尤其是风味独特的老茶婆，泛着罗汉果的药香，值得一喝。老茶婆，是在霜降到立冬期间，采摘当年的成熟叶片或隔年的老叶，采用捞水杀青并阴干后，晾挂在灶头或阁楼上保存起来的。

《红楼梦》第二十五回里，林黛玉在花光柳影、鸟语溪声中，去怡红院看望宝玉，遭到凤姐取笑道：“你既吃了我们家的茶，怎么还不给我们家作媳妇？”这里的“吃茶”，是比喻女子受聘。古时的很多地方，有“饮茶定终身”的习俗。因此定亲结婚，常以茶为聘礼。明代郎瑛在《七修类稿》中，有这样一段说明：“种茶下子，不可移植，移植则不复生也，故女子受聘，谓之吃茶。”古人受限于农业技术的落后，认为只能以霜降前后成熟的茶果作为种子，才能长成茶树，且不可移植。茶树在古人的视野里，具有茶性清洁、至性不移的特点，因此，茶树便被赋予了从一而终的婚姻道德观。

露深花气冷，霜降蟹膏肥。霜降前后，《红楼梦》中的才女们，在持螯吟菊赏桂，黛玉有“毫端蕴秀临霜写，口齿噙香对月吟”，宝钗写下了“酒未敌腥还用菊，性防积冷定须姜”。曹雪芹深谙阴阳之理，先是凤姐吩咐把酒烫得滚热，多倒些醋姜，后

是贾母让湘云告诉宝玉、黛玉少吃。醋能起味，姜与热酒可散螃蟹之寒。《黄帝内经》提醒说：“谨察阴阳所在而调之，以平为期。”饮茶也应如此，茶性的阴寒，要用深秋之后的茶食来协调中和，方算是解茶之人。

霜降日，我与数位茶友品饮陈年的老茶婆，叶片粗老肥厚，呈饱经风霜的红褐色。沸水瀹茶，随气雾蒸腾的菌花香，芳气满闲轩。德化白色薄胎茶杯，尽显茶汤的红浓妖娆。经霜的茶，也会汤色红于二月花。馨香的茶汤入口，稠厚香甜；五水后，陈韵渐淡，迷人的槟榔香绽显。十水后闷泡，汤色淡似桃花，汤薄水却更甜，枣香味渐渐呈现。细观叶底，呈现光润的铜褐色。叶片撕裂处，有如藕节断面的丝线交织着，显露出霜降前后叶片的一些特点。这款老茶婆，饱满跌宕的层次感，很像一位历经沧桑、阅历深厚的老人，温暖、醇和、宽厚、亲切。喝茶如斯，让我真切地感到，老人老茶都是宝。家有老人和老茶，都要恭敬珍惜。

霜降时节，如居北方，在暖气未送之前，要重视保暖、防秋燥、祛寒湿。饮茶以退火到位的乌龙茶、黄茶、黑茶、普洱熟茶为主。绿茶、白茶、清香型铁观音、普洱生茶等，并非不能饮用，适饮为佳。根据节气的寒热变化饮茶，只是喝茶养生的一个层面。喝茶对于平衡身体的阴阳和调节饮食的寒热变化，所起的作用，并没有我们想象得那么显著，因此，只要少饮浓茶或不过量饮茶，无论适饮哪种茶类，对身体产生的影响都不会太大。

立冬

茗花盛开武夷茶
牛栏坑深岩骨香

流香涧里花静芳
立冬夜读煮茶暖

茗花盛开
武夷茶

武夷山，是茶的天堂。爱茶人，就像是山中的候鸟。年年如约纷至沓来，满载而归。立冬前后，传统武夷岩茶的精制接近尾声，此时来武夷山问茶，天气不热，恰逢良时。

初冬的三坑两涧，飘荡着茶树花开的幽芳。山里的气温，还不是太凉，依然是喝茶的好时光。清晨的霞光中，我和晓东、亚伟、都雪诸友，经过武夷宫、大王峰、九曲溪畔，穿林渡水，去止止庵喝茶。

道教的南宗五祖白玉蟾，对武夷山情有独钟，他在《止止庵记》写道："神仙渺茫在何许？盖武夷千崖万壑之奇，莫止止庵若也。"止止庵道观，是武夷山最幽美的洞天福地。在四大名丛中，以清幽见长的白鸡冠母树，据说最早生长于道观的白蛇洞内。幽深素雅的静和茶寮，竹影婆娑盈窗，位于庵内的西南侧。气质清美的韩道长，一袭白衣道袍，神清目朗，瀹泡庵内自产的

止止庵

白鸡冠，为我们讲述着止止庵的历史与过往。佳处要领略，忘言心自怡。白鸡冠的淡雅内敛，道尽了“止止”二字所含的真义：知其所止，方能止于至善。学会适可而止，是茶与人生的大智慧。浸染了道家风水与智慧的白鸡冠，多像韩道长那清澈深邃的眼神，清净得让人无法忘记。

学茶不仅是学会喝茶、辨茶，而且需要了解好茶的生态，这才是知其然更要知其所以然的道理所在，尤其是武夷岩茶。下

章堂涧古老的马齿桥

午，我带领他们走进山里，迤逦而行在偶有红叶翩然的三坑两涧。沟沟坎坎里，触目皆是茗花肆意的盛开景象。蕊黄瓣白，清芬蕴藉。今年的茶花，开得尤其灿烂，雪一般的繁花满枝。远望近俯，玉脸含羞，高洁照人。满山的茶树，在此刻似乎倾尽了最后的一点力量，锦簇花团地怒放着，鲜媚得有些令人悲伤。冬天的茶树，是为来年春茶蓄积能量的季节，如茗花开得太盛，势必会影响明年岩茶的产量和质量。

陆羽《茶经》描述茗花："花如白蔷薇"，它的确非常类似白色的荼蘼花。茗花开落山寂寂。茗花清美，除了插瓶清供茶室，其鲜花或干花，洁白清芬，略带苦涩，可代为茶饮，又宜煮粥，可与梅花一争高下。

我们从长满绿意的流香涧，经慧苑寺、鹰嘴岩，从章堂涧出山。据史料记载，朱熹曾在慧苑寺居住过，并遗留题写过的匾额"静我神"。下山的路上，茗花的香浓清寒，让我无法释然，我暗笑自己已经着相。涧户寂无人，花开纷且落，是茶树的自然。花开予我的清愁，有住生心，只是我惜茶的私虑。冬日暖阳里，茗花开与不开，盛放与否，是茶树的自愿。谁也改变不了谁的因果！

茗花不争春，寂寞开最晚。此花开尽更无花。在寒冬的寂寥里，茗花能清醒地让自己盛开一把，是为了熏香冬叶、避香来年的春茶。花落后的幼果，要历经春风、夏雨、秋露、冬霜，待到春风吹又生，才会在第五个季节中修得圆满。然而，它却又一次让位于春天的新芽萌发，把自己悄隐在茂密的翠叶之下。五季才能修得正果的苦涩艰难，或许在泡茶时，在叶片舒展的瞬间，能从茶汤里体会到那么一点点。

牛栏坑深
岩骨香

牛栏坑，位于章堂涧与九龙窠之间，不过是狭窄的山谷中、一条常年流水不断的清幽溪涧。但是，爱茶的人到了武夷山，都会慕名去牛栏坑里走走看看。满涧的茶树与芬芳，是牛栏坑的灵魂，一处有了灵魂的风景，才会产生圣地般的迷人魅力。每次到武夷，我也会寻香而至。先到牛栏坑去看看茶，嗅嗅山谷里的清新气息，瞧瞧草木黄绿的变化，这魂系梦牵的一去，就是连续十几年。

香高不过肉桂。牛栏坑的肉桂，简称“牛肉”，因花香细幽，岩韵气足，品质绝佳，而闻名于世。其实，竹窠、三仰峰等某些小山场所产的肉桂，也在三坑两涧的核心位置，品质丝毫不逊于“牛肉”，其香气、滋味、气韵，有过之而无不及。只是少有人喝到，名气便小了些。

来武夷山的茶客，一般都会先到天心庙去静静心，喝杯寺院茶，这里曾是大红袍的祖庭。寺庙初建时叫山心庵，因为寺庙所在的天心峰，位于武夷山的中心，故名。

越过天心永乐禅寺，向后右侧的北东方向，沿唯一的一条羊肠小道，大约行走一里地，便是名冠天下的牛栏坑。耐人寻味的是，水金龟的母树，曾生长在牛栏坑的牛头位置，而牛栏坑却因肉桂的存在，而名声鹊起 。肉桂是武夷山的本土品种，原产于慧苑坑。慧苑坑草木幽深，溪谷密布，环境潮湿，日照时间短，故其肉桂没有老枞水仙著名。但是，慧苑坑的水仙与牛栏坑的肉桂，一并成为代表武夷岩茶最高品质的双绝。

冬日的牛栏坑，寂寥无人。山涧绝壁上，丛生的灌木绿染红

黄，衬托着幽谷长涧中的满树茶花，洁白如玉，楚楚动人。

我沿着牛栏坑下行，翻过杜葛寨兰谷岩，在摩崖石刻的“不可思议”处，不可思议地遇到了郑州的清欢与佩佩。真是茶中天地小，何处不相逢！冬天还能在茶山寻香觅幽的茶人，前世与武夷茶一定有着不可思议的缘分。和清欢一番寒暄，然后相约晚上去天心村郑记，共享“牛肉”大餐。

沿山路再下行三四里，是牛栏坑口的风雨亭。从牛栏坑出来，不远处就是通向水帘洞景区的路口。夏秋之季的牛栏坑，溪水淙淙，草木葳蕤。坑内风柔水缓，溪流涧边的菖蒲翠绿丛生，山花和野茶密布在可能生长的每个角落。一畦畦的肉桂茶树，漫生在烂石之上，山崖高处，水汽氤氲。即使有阳光，也因山色空蒙，雨雾充沛，光照化为柔柔淡淡的漫射光。没有牛栏坑里风轻、坑深、岩秀、花香、水渗、光柔的独特山场，怎会有“牛肉”的刚柔相济、岩韵花香呢？茶是什么？茶是“清香至味来天然”，是润泽身心的春水晓露，是天地氤氲化生的至味琼浆。

烨烨灵荈，托根高冈；吸风饮露，负阴向阳。牛栏坑夹山对峙，沟谷幽深，是特殊的山场小气候，孕育了肉桂的一枝独秀。在牛栏坑狭长的沟壑内，有山岗、沟底，向阳、背阴之分，还有不少是近年新开垦的茶园，因此，即便同是牛栏坑所产的肉桂，其品质也会因土质、光照、湿度、生态的不同而悬殊甚大。见光多的香扬硬朗，见光少的阴柔水细。

夜晚的郑记茶室，从天心村的“马肉”（马头岩肉桂）开始，“猪肉”（竹窠肉桂）、“羊肉”（三仰峰肉桂）、“牛肉”陆续登场。一席正岩肉桂的饕餮大餐，锦绣铺陈开来。茶烟缭绕，满室生香，直喝得大家汗出津津，两腋生风。

阴柔内刚、清幽馥郁的“牛肉”，有着其他山场难以逾越的高度。干茶香清味幽，乳香明显；汤色红艳通透；茶汤柔滑，却绵里藏针；香气细腻，馥郁鲜锐，犹逢栀子花开。饮过喉底生津清凉，回味幽长。杯底冷香，是回旋着浓厚绵绵的花果甜香。期间我曾夸口，如再重逢“牛肉”，单闻干茶或再嗅杯底，便不会与之擦肩而过。

没去过牛栏坑，便很难领悟出“牛肉”那幽幽柔柔的花香。“牛肉”虽有肉桂之名，却无寻常肉桂辛窜的桂皮气息，只是淡淡的似有若无。我很难忘记分茶后，杯口壁上停留的那一滴茶汤，在光照下酒红晶透，粘附着、悬垂着，许久未能滴下。“牛肉”的稠厚里，裹黏着化不开的岩骨花香。

流香涧里
花静芳

与牛栏坑肉桂相比，流香涧的肉桂偏于温柔水软，一切皆是生态和光照因素使然。流香涧，位于无心岩西面。山北诸涧，皆自西而东，独流香涧反道西行，古称“倒水坑”。涧边岩壁夹峙，悬崖峭拔，非亭午不见日月。涧内多生山兰石蒲，幽香沁人。明代僧人衍操写有《流香涧》诗：“沿村行数里，入谷便闻兰。坠叶浮深涧，飞花逐急湍。岚光侵杖湿，苔色袭衣寒。欲试清泉味，烹茶坐石盘。”如果今天再次走进流香涧，仍旧溪谷留香，清绝依然。

流香涧，是明代《茗谭》的作者徐𤊹命名的。徐𤊹谈及饮茶时曾说：“但斟酌时，移建兰、素馨、蔷薇、越橘诸花于几案前，茶香与花香相亲，尤助清况。”他又说：“有茶而不瀹以名泉，犹无茶也。”流香涧既有清泉，又产好茶，自然具足了这一切。翠萝深处，溪涧之畔，插枝茗花，布一席茶，两人对酌，颇具山林风味。此处便是水云间，何必再觅桃花源。

自古文人墨客，对茶的记述和描绘太多，却很少谈及茶树开的花儿。陆羽《茶经》有“花如白蔷薇”。明代屠本畯的《茗笈》里，第一次详细论述了茶花的妙用：“人论茶叶之香，未知茗花之香。余往岁过友大雷山中，正值花开。童子摘以为供，幽香清越，绝自可人，惜非瓯中物耳。乃予著《瓶史月表》，插茗花为斋中清玩，而高濂《盆史》亦载‘茗花足助玄赏’云。”

现代对茗花的研究证实：茗花和茶叶的成分基本相同，具有解毒、抗癌、降糖、抑菌、美容、增强免疫力等功效。其中的抗氧化功能，可与世界公认的迷迭香媲美。时至今日，茶树奉献给人类的不次于新芽的茗花，还没有得到足够的重视与利用。每年茶山里的大量茗花，寂寞开无主，纷纷开且落，弃之委实可惜。

今年的深秋，我有幸参加世界第八届禅茶大会，在长兴的大唐贡茶院里，布茶席“应作如是观”，就是以三枝俯仰生姿的茗花为清供，清越可人，足助幽赏，赢得了中日韩茶界朋友的赞美。

冬日里，我再次走进流香涧，是在武夷的冬季茶会结束之后，与郑圣林一起，陪同一群初来武夷的茶友。我们从天心庙进山，经鬼洞、倒水坑、鹰嘴岩、慧苑坑，等到达流香涧的时候，已是夕阳晚照。流香涧行如深巷，青藤垂蔓，兰草丛生，幽深的恰恰妙好。山中无历日，寒尽不知年。除了能从茶树的花开里读

出冬意，仅凭山涧里的翠深影寒，还真难看出节气的有序流转。

初冬的山涧，曲折蜿蜒，香逐涧水。春秋的“入谷便闻兰”，此刻却被清雅冷香的茗花淹没了。流香涧的清美，让人驻足流连，不忍离开。记不得是谁吆喝着“口渴了”，我望着晶莹玉白的茗花，提议大家截段新鲜的翠竹作为吸管，以之吸食花蕾中的花蜜解渴。霎时间，大家像群蜜蜂一样，兴奋地吮吸着花蜜，吸入口的那一微滴，是从未体验过的脂粉般的清凉甜香。细品白鸡冠、肉桂、铁罗汉、水金龟等茗花比较，以老丛水仙的花气尤为馥郁清冽，香若腊梅。过了一把餐花饮露的神仙生活，我们口齿噙香，摸黑过大红袍景区，衣沾花香，一路散去。

晚饭后，与文婷在郑记喝茶，重泡八十年代的普洱方砖。普洱熟茶的柔软，掩不住茗花齿颊回味出的清婉。难怪当时有人说，茗花的气韵，很像薛宝钗的冷香丸，冷森森凉丝丝的。世人只知茶溶于水，方叫茶饮。却不知，在清气熏人的三坑两涧里，吸饱正岩茶树的花香茶气，也是花韵胜茶韵，无茶胜有茶了。

立冬夜读
煮茶暖

秋深渐入冬，“冬，终也，万物收藏也。”立冬、立春、立夏、立秋，合称四立。“立，建始也。”春生夏长，秋收冬藏，立冬为冬季之始。入冬后，草木凋零，万物蛰伏，宜养闭藏之道。

前日山行，得一枝虬曲苍劲的野生紫荆，插瓶清供，聊作冬日蜗居喝茶的小景，饶有意趣。晚夕，寒气袭人，沐手焚香，白泥炉起炭煎水，煮饮老丛白牡丹里检出的茶梗。水煮三沸后出汤，茶汤艳若丹霞，入口萦绕着秋梨的润甜，无一丝的青涩气息。如济兄曾讲：“用茶梗煮出的茶汤，滋味醇和，茶香平淡，茶心灵妙，最有益于茶德。”

确如马兄所言，茶叶中的香气物质，主要存在于茶梗和嫩叶的主脉中，并且香气从第一叶至第三叶逐渐下降，而以茶梗的香气最高。嫩梗中的氨基酸高于嫩叶，且所含物质大部分是水溶性

的。因此，生态良好的茶梗，如果无端丢弃，委实可惜。瀹饮可能滋味偏淡，但冬季煮饮，却是甘之如饴。

九华茶会时，迎新告诉我，煮茶的榄炭灰，是养菖蒲很好的有机肥料，可土下施肥，也可混合于水中喷洒。此法甚妙，经过一番浇灌，书房里那盆一度萎黄的金钱菖蒲，在冬日里已是郁郁青青。半丝半缕，恒念物力维艰。惜物即是惜福，物尽其用，是“茶性俭”给我的最好开示。

香气缭绕间，紫荆的枝影，洒落在盛满茶汤的青花盏中，摇曳着茶汤的潋滟。茶室里竟生出“山花落尽、枯枝待春”的意象，有回味林徽因《静坐》诗句的妙绝。

“冬有冬的来意，

寒冷像花，——

花有花香，冬有回忆一把。

一条枯枝影，青烟色的瘦细，

在午后的窗前拖过一笔画；

寒里日光淡了，渐斜……

就是那样地

像待客人说话

我在静沉中默啜着茶。”

茶的甜，水的暖，驱散着初冬茶室里的寒。我斜靠在红酸枝的圈椅间，慵懒地翻着《浮生六记》，看沈三白品月评花，静室焚香。读芸娘对旧书画继简残编，弃余集赏。其闲中雅趣，闺阁情深，令人心骨皆醉。

冬来天寒地冷，人体阳气潜藏，气血趋向于里。冬季人体皮肤腠理致密，水湿不易从体表外泄，而成人的肾脏，每小时的排水能力，仅在800～1000ml。假设每小时饮水超过1000ml，不仅容易影响心脏和肾脏健康，而且容易导致低钠血症，因此，冬季饮茶不能过于寒凉，饮水量更不宜过多。茶品以陈化到位的普洱、红茶、焙火通透的乌龙茶为主。少饮茶，品好茶，喝淡茶，以减轻冬季里肾脏与膀胱的气化泄利负担。

冬季养藏，我已备足多函线装书养气，数款老茶养心，几筒沉香养性，一堆榄碳养炉。寒冬寒夜茶书伴，待到山花春烂漫。

小雪

清寒正是吃茶天
读经论茶中和美

席中有茶真滋味
蜡梅树下坐饮茶

清寒正是吃茶天

在初冬的茶室负暄，像喝透一泡老茶般舒畅熨帖。白居易《负冬日》诗云：“负暄闭目坐，和气生肌肤。初似饮醇醪，又如蛰者苏。”轻寒正是可人天。我从茶柜里找出那片珍藏许久的88青饼，递给王禹兄拆茶瀹泡。我乐得清闲，清供一盘娇黄玲珑的佛手，享受着冬日里越来越少的暖阳。

佛手与香橼，都是冬日的香君子。适于清供的佛手，一要香雅，二要形美文气。李时珍《本草纲目》说：（佛手）“虽味短而香芬大胜，置笥中，则数日香不歇。寄至北方，人甚贵重。”桂花的香气是温暖的，佛手的果香是清冷的。如果说桂花的香，是深秋的味道，那么佛手的香，就属于初冬了。

保存良好的88青茶，条索粗壮油润，金毫弥漫其间，茶香透纸，菌花香浓。沸水冲泡，洗茶一道，茶烟袅袅处，四溢的梅子香浓，浮动绕梁。汤色入盏清澈，绯红娇艳，媲美樱桃；入口梅香菲微，鼻端习习；茶气刚猛，微苦略涩，汤厚滑软。口腔前部因涩收

敛，后部生津如泉涌；十余泡汤色、香气不减，杯底果香浓郁持久。饮尽数盏，后背、前额已微微发汗，齿颊的回甘绵绵不断。

以上的这段88青饼品感，曾发表于当年风起云涌的三醉斋论坛。陈国义先生在论坛里读到后，不久，他作为88青茶最早、最关键的当事人，发表了以下最具说服力的评语，原文录下："回想起当年收购此茶三十吨青饼，实在是不可思议。因为当年在香港还未流行喝青普，大部分本地人还不知道'青普洱'是何物？时至今天，此茶已不知不觉经历了二十载岁月，以滋味和茶韵而言，山东的静清和君说：这茶可算是现今优质7542干仓茶的标杆，此语也实不为过。究其原因，乃起于我当年：一、大胆全数收下； 二、其后，余希望探索是否用干仓存放它，可保留其原始的芳泽，又或许会否如广东新会陈皮一样，可以越陈越香醇呢 ？结果这个不急于把货换钱的探索精神，换来了肯定的成果，成了'优质干仓茶的标杆'。可谓上天不负有心人。它报以各位爱茶人，让我们今天有幸可查知、并且品赏到经历二十载时光的那股迷人魅力。今天， 余在三醉斋细阅静清和君，对原创干仓88青的赞美之情，我心中充满了无限的安慰和喜悦，感激之情，唯有草字感谢各位对这茶的爱戴，特别是静清和君的真情流露。"

88青饼，是香港茶人陈国义先生早期收购、运作的，它包括从1989年至1991年之间，勐海茶厂出品的所有的7542生饼。从陈先生的重要回复与回忆中，我们可以看到九十年代之前，香

港人对于普洱生茶并没有多少认识，更不可能大量饮用。早期港人口中的普洱茶，是指发酵熟茶，或是他们自做的潮水发酵茶，也包括早期发酵较轻的“改造茶”（改造茶，详见《茶路无尽》《茶与健康》）。在当时的国内，无论是晒青毛茶，还是紧压青饼、青沱，一概归入绿茶范畴。

88青饼，二十年的枯索静寂、苦情涩绪，二十载的蕊寒香冷、露浓花瘦，幻化为此刻的盛时灿烂，淡时沉静。这一壶煮了二十年的光阴，顷刻间可将倦怠的心境，悲情的人生，于茶淡香柔中尘埃落定。88青醇酽香浓，滋味丰富，层次跌宕，色泽蕴柔烂漫，茶气刚柔相济，最适慢饮浅酌。

席中有茶
真滋味

熟悉安老师三年有余，常常研读她的随笔，关注她的茶席。前年的小雪节气，与安老师武夷茶聚，有缘交流聆听，感悟良多。

所谓茶席，不过是泡茶的方便法门。它是一个场地有限，却呈现无限茶意的清雅空间。其中各类茶器的布置，需要有空间的高低错落，动静咸宜。器具之间不是干枯的罗列展示，更不是刻意凑合，彼此有着生命的相生相惜，有着气韵流动的相互映照。

茶席的泡茶轨迹、分茶路线，要顺应人体工学原理，左右手分开，动作玲珑婉转，节奏和缓，在遵循方便简洁原则的基础上，体现出一席茶的人文关怀。泡茶的平面，横看成岭侧成峰，层面点线成风景。尽可能学会借景光影，如果一席茶上，多了疏风淡月、松荫竹影，茶席便具足了时空和节气的光阴美。

茶席上的插花、焚香，繁丽缟素，玄赏幽邃，只是茶主人的随喜所为、锦上添花。比如信手陈设的一段长满青苔的枯枝，

一枝洋溢着诗意的花果，一方秦砖上青翠养眼的菖蒲等，看似寻常，其中渗透的学识修为和审美情趣，是茶席流淌着诗情画意的茶外功夫，只宜静参慢悟，初学者不必模仿与苛求。

泡茶布席，随喜随兴，器具无需名贵，但须素雅，最好啊！茶席上的器具要有幽光和包浆。一席茶的素养与温润，由此铺陈开来。我们所做的一切准备，都是为所品之茶登场拉开的帷幕，一切都是为了去精准地表达茶与茶汤。当然，还有更重要的，就是那颗于茶、于事、与物的平常心。茶席上泡茶时的状态，应该就是自己平时散淡的样子。所以说，喝茶是一种修行，而修行的功夫，尽在行住坐卧的寻常生活之中。至于幽坐吟咏，赏鉴清供，可添茶席韵致，随心适意便可。只要把心灵安住在这一席茶中，随心地喜悦着，把茶汤的香气、滋味、气韵，无私愉悦地分享给席上的诸位，就是一方人茶合一的好席。

在武夷山，安老师曾说过："去任何地方，不说做出贡献。但要如同不曾来过，走过别留痕迹。"无论走到哪里，不要污染环境，尽量抹去自己的碳痕迹，像雁度寒潭，雁去而潭不留影。学会敬天惜物，少污染，不浪费，这应成为一个茶人的本分与基本修养。我清晰记得合肥的婉儿，在九华茶会后，写下了这样一段感人肺腑的话语："众人散去后的大殿廊下，最后映画在心间的是一直辛苦司水的茶人，弯下腰身用手清理下水渠中茶叶残渣的安静身影。"

曹禺晚年曾问赵朴初："你喝茶，可有禅意？" 赵朴老却说："但以喜心饮茶，就有禅意。"茶如此，茶席也应如是。

读经论茶
中和美

寒冬暮冷，有茶喝便温暖如春。我习惯坐在柔软的蒲团上，读《红楼梦》，览经书。也常常，笔端蕴秀临霜写，闲来涂鸦。口齿噙香对月吟，静坐瀹茶。

子曰：“三人行，必有我师焉。择其善者而从之，其不善者而改之。”但读孔子的《易经·系辞》却是：“三人行，则损一人，一人行，则得其友。言致一也。”《论语》是孔门弟子编辑的，是否有意粉饰过而偏离了孔子的原意，也未可知。《易经·系辞》所记的，我相信会更接近孔子的原话。

三人行，则损一人。三茶并，必分高低。这是当下很多人的真实心态。其实，健康、绿色、能入口的茶，不必刻意去计较其高下优劣。是非分别，即是执着。人太执着，便会心盲无明、烦恼顿生。随意任情，唯心所适，适合自己的高性价比的生态茶，才是日常所需的好茶。喝茶的基本要义，本为身心愉悦，何必蜗牛角上比输赢呢？莫说是茶，人生也不过是隙中驹、石中火、梦

中身，虚名浮利，精于算计，又有什么意义？

君子和而不同，小人同而不和。如同我去年特制的三款普洱生茶，分别为“禅静”“清蘅”“和雅”。每一款茶，个性鲜明，独具特色，气息滋味相互弥补，共同形成品茶的三个层次，或喻为人生的三个阶段。

“禅静”，精选冰岛大树茶，入口微苦，回甘悠长。苦入心经，泻心火，宁心神，让人涤除玄鉴，心斋坐忘。中澹闲洁，韵高致静。静为茶性，“欲达茶道通玄境，除却静字无妙法。”心，安静下来，方可忙里偷闲，苦中作乐。利用眼耳鼻舌身意，去感受茶的色香味形韵，去仔细享受一杯茶的真滋法味。

“清蘅”， 遴拣易武大树茶，气清香幽，水厚汤滑。静心细品，香远益清。回甘生津，蘅芷清芬。

“和雅”，甄选上等的陈年熟料，干茶纯净，香气淡雅，茶汤顺滑，色若血珀，醇厚宜人。

从禅静、清蘅到和雅，心静意清地悠然品茗，方能如食甘蔗，渐入佳境。静为茶性，清为茶韵，和乃茶魂。茶能祛襟涤滞，致清导和。淡泊生涯，有茶一杯，无论禅静之茗，是如何的蘅芷清芬？也只能让懂它的人归于清寂平淡。这种饱含生活沉淀的那份和雅，是既看透了生活真相，又热爱生活的那种超然。

香茶妙墨，颜色相左，各具特点。环肥燕瘦，钗黛之美，各领风骚。然而，宝钗和黛玉若是合二为一，虽然中和兼美，却似乎缺少了点动人的鲜明个性。茶亦如此，一款好茶不可能包罗万象，可爱的缺陷，往往也是一种不能忽略的美。

蜡梅树下
坐饮茶

我到达安吉时，茶山上飘了一层薄薄的白雪。茶树玉色娇白的叶梢上有白雪映衬，叶色愈见冰清玉洁、仙骨佛心。小雪时节的安吉白茶，又在苦寒中酝酿春天的心事了。

行色匆匆的两天后，我告别一滴水茶馆，乘车去苏州的古镇同里，赴一场美丽的茶约。我住在古色古香的恩泽堂，却被隔壁承恩堂满院清冽的蜡梅香吸引过去。承恩堂是一个清丽古朴的百年老宅，不用主人介绍，单是院内半搂粗的玉兰树，碗口粗的一树盛开的蜡梅花，已娓娓道出老宅的悠久历史了。

这株被高大的玉兰树掩映着的蜡梅花，开得素净纷繁。花开蜡黄，星星点点，簇拥在绿中微黄的枝叶间，清芳幽冽袭人。它的香沾染着时令的冷韵，不同于中秋暖暖甜甜的桂花香气。宋人董嗣杲有咏蜡梅诗："磬口种奇英可嚼，檀心香烈蒂初镕。"讲的就是这树磬口梅的沁香可嚼。

江南的冬天，室内阴冷异常，我和亚伟兄蜡梅树下坐定，一壶“红袖添香”，喝得身心暖暖。细碎的阳光，透过腊梅的枝叶花朵，漏影到茶席上，透视出江南特有的光阴美。茶汤温润金黄，清甜暖人。不能辜负了这树花蜜香浓的磬口蜡梅，我起身摘了两朵如黄蜡剔透的花蕾，丢进即将出汤的盖碗内，但见花瓣遇热即放，蕾破黄金分外香 。造物无穷巧，寒芳品更殊。再品茶汤里的温婉，陡然多了清冽的寒香。

“红袖添香”用江南古井的水冲泡，虽然初相见，但是，茶汤却细腻柔滑了许多。遇到芬芳清冽的蜡梅，香气变得更加蕴藉清婉。江南的水软，把人养得吴侬软语，把茶泡得冷艳清香。蜡

梅树下暗香浮动的一席茶，让我想起了丰子恺一幅漫画的题诗，“小桌呼朋三面坐”，是该“留将一面与梅花”了。这是我极喜欢的诗境和茶境。

其实，蜡梅仅具梅花品格，它并不属于梅花。借蜡梅之香，风雅一下无妨，千万不可把花与茶长期浸泡同饮。蜡梅香气无毒，但其花有小毒，久饮易损肝肾，不可不慎。

品“红袖添香”，还有一次更为绮丽的茶聚。那是不久前寒露的一个下午，雪白的茗花开满大唐贡茶院，茶席上竹影婆娑，如水墨洇洇。我用庆余堂的纯银盖碗，瀹泡“红袖添香”，与对面的双且、老崔茶叙幽怀。旁边的如济兄，箫吟着《牡丹亭》里的《惊梦》一折，低回悠远。一曲吹完，如济兄笑着说：“在大唐贡茶院，竹林茗花间，用金沙泉水，瀹泡红袖添香，又听着《牡丹亭》，如花美眷，似水流年，这一席茶真叫香艳。”

如果蜡梅树下的这席茶冷艳，那么由《牡丹亭》相伴的那席茶，一定是香艳无双了。

夜深风冷，我收拾起腊梅树下的茶器，寄宿在恩泽堂的客栈里。清寒寂寥的冬夜，看梅影横窗，听风摇翠竹，暗香撩人，久久不能睡下。

大雪

慢火焙得圣妙香
夜扫寒英煮绿尘

大雪养藏莫饮凉
佳茗微吟齿颊香

慢火焙得圣妙香

红心铁观音原产于安溪县西坪的尧阳一带，是乌龙茶家族里最优秀珍贵的名丛之一，其产量仅占闽南乌龙的30%。纯正的铁观音，又叫原始红心铁观音，红芽皱面歪尾桃，是其重要特征。传统做法的铁观音，青蒂绿腹蜻蜓头，美如观音重似铁。其汤色金黄明亮，滋味清甜醇和，香气馥郁持久，具有特殊的观音韵和幽雅的兰花香。饮后齿颊留香，生津回甘。细究铁观音，叶张呈椭圆状，如桃子形，这种特殊叶张的长宽比例，最适于乌龙茶的做青走水。

市场所见的铁观音，有相当一部分为现代工艺的清香型。清香型铁观音游走在乌龙茶偏绿茶化的边缘，这类茶，香气鲜爽，略带青味，质量差的有酸馊气息。清香型茶的工艺，借助了空调和抽湿机的配合，特别是在摇青阶段，把茶青萎凋和静置的时间有意拖长。尤其是其中的拖酸茶，在冲泡时有开盖夺香的特点，

传统炭焙铁观音

比较吸引刚接触茶的朋友。清香型铁观音轻摇青、轻发酵、干燥度低，故寒气重，刺激性强，久饮易伤肠胃。由于清香型铁观音的走水不太彻底，含水率较高，故干茶在常温下容易变质或变色，因此，这类茶需要低温冷存。

一款传统纯正的炭焙铁观音，若求水好，宜选春茶；若求香高，宜选寒露时节的正秋茶。其采摘时间，以下午的3～5点为佳。制作工艺包括晒青、凉青、做青、炒青、揉捻、焙火等。其中的摇青与凉青，需反复进行3～5次，历时8～10小时完成。干茶外观黑褐油润，呈熟果香并略带糖香，汤色橙黄清透，兰香淡雅，回甘尤佳。其含水率低，常温保存，无须冷冻。查阅一下铁观音的制作历史，大约是在1956年，安溪开始试制推广手动摇青机和木制手推揉捻机。1964年以后，茶的初制机械化逐步实现。据此可以推测，在安溪茶区没有电力与包揉机器的过去，铁观音的外形不可能呈紧结的球状，而是类似其他乌龙茶类常见的半条索状。去年，我和冀川兄在晚香茶舍，李曙韵老师亲自瀹泡的那款1949年的老观音，其外形就是半条索状的。该茶的色泽已大部分红变，除微弱的兰花香有迹可循之外，其汤色、滋味，与陈年的老普洱茶比较，已无多大分别。可见，任何茶类到了垂垂暮年，殊途同归，并无太多差别。

为做出自己满意的炭焙铁观音，去年的一个冬夜，我只身来到安溪，精选18斤传统的正秋毛茶，拣梗去碎，开始焙火。在焙窟中点燃龙眼炭，用灰覆火，以灰的厚薄来控制火温。焙茶时，覆灰的选择非常重要，事关成茶的品质高低。覆灰既要细腻，又不能有任何味道。焙火时，焙篓距灰一尺左右，置茶于焙篓中慢慢烘烤，从内到外把茶炖透而不伤其香。有经验的老人常讲：茶为君，火为臣。焙茶要沉得住气，用火不能太高，始能焙出好茶，且焙出的茶火气易退，而无焦躁邪气。这就是古人常说的“温温然，所以养色香味也”。

若论焙茶，宋徽宗才是顶尖高手，他在《大观茶论》警告说：“或曰，焙火如人体温，但能燥茶皮肤而已，内之余润未尽，则复蒸暍矣。”如果焙火温度太低，茶会处于内湿外干的窘境，不但无法把茶焙透，而且会把茶焙坏的。

在焙火的过程中，要随时用脸部去感受火温的变化。功夫不负有心人，花费八个多小时焙出的茶，乌褐油润，炭香微微。七克瀹泡，汤色金黄油亮，入口温润，汤感较未焙前厚滑许多，兰花香中多了乳香与熟果香。杯底温嗅，兰花香浓；冷嗅，花果香萦绕，久久不散。汤里融香，香中含韵。茶刚刚焙成，火气未退，须待以时光。好茶，如一块和田籽玉，需切之磋之、琢之磨之，让时间去润色完善它。焙火恰当的铁观音，香气清纯，苦涩降低，甘甜益增。冉冉其香，厚泽如春，指日可期。

大雪养藏
莫饮凉

大雪节令，泉城未落下半片雪花，竟下起了茫茫的细雨。

一大早，郑兄约我一起喝茶。放下电话，我提早准备好红泥炭炉，起炭煎水。茶席上缺少大雪节气的供花，我便走进邻近的花园，雨中寻梅，可惜蜡梅未发。雨雾霏霏中，我到塘边采撷几茎干枯的荷叶，拣拾一只破败的莲蓬，快步回到茶室，用龙泉月白梅瓶供养，颇似八大荒寒冷寂的残荷写意。

竹炉汤沸火初红，茶烟袅袅中，郑兄嘘着寒气进门，带来十克已拆好的老熟普分享。我用朱泥壶瀹泡，洗茶一道，留存浇花，二至四水，茶汤稍薄，厚滑不足，汤里有微微的糯米香气。

品过后，我经验主义地认为，此茶陈期不过十五年。郑兄知道这款茶的底细，笑言再喝试试。五水后，我更换老银壶煎水，提高泡茶的水温，茶质陡然一变，色若血珀，汤厚水滑；沉静的药香，在汤中隐现；陈茶特有的米汤感，入口即化。再饮，体感明显，胃肠暖热，腹背汗感。

此刻的我，面露惭色，立刻修正了自己的观点，此茶陈期应在三十年左右。判断一款茶，不喝至尾水，不细看叶底，轻易所下的结论都不会客观。

好茶，虽能解渴涤烦，但在来日方长里，品的是一个洗尽铅华、人茶俱老的理，因此，茶的滋味与厚度，需要在一段静好的光阴里，慢慢酝酿沉凝，积淀暗香。

光阴须得茶消磨，因茶更把光阴惜。茶如人生，但凡一个人过了天命之年，都会趋于温和、含蓄、淡泊、耐品。

好的普洱熟茶，需要岁月的洗礼与雕琢，在岁月倏忽的光影里，熟茶的前世来生，依稀有些规律可以判断：晒青毛茶经渥堆发酵后，三年以内的熟茶，茶汤里一般会残留点渥堆味道，茶汤稍显浑浊，口感略有燥气；茶青粗老的，会呈现浓郁的焦糖气息，也就是老人们常说的“勐海味”。茶青等级较高的，如工艺精到，会出现淡淡低沉的花香、荷香。

陈期三年至八年的熟茶，燥气消尽，茶汤润滑醇厚，有清甜糯糯的米汤感，汤色深红透亮；早期的基础香气里，日渐浓郁的转化出熟米饭的诱人香气，让我们能喝出烟火气息里的亲切感，那味道，是归乡游子又吃到妈妈新煮米饭的温馨。

十年以上的熟茶，糯米香里多了陈韵、木香。茶汤甫一入口，便有置身江南深深庭院的陈香、沉静；汤色转为深邃迷人的宝石红或者酒红；茶气充盈，汤感甜细软滑。其后，与岁月红颜

俱老，渐入陈韵、药香、化感的妙境。

大雪雪盛，进入了隆冬时节，要注意保暖祛寒，养阴护阳。茶能淡利渗湿，适量饮茶，不仅无寒之虞，而且有助于缓解冬季厚味进补之害。

夜扫寒英煮绿尘

读元代谢可宗的“夜扫寒英煮绿尘”，口齿里噙了茶意的清凉。把雪能称作“寒英”，把茶可唤为“绿尘”，真是佩服极了古人遣词造句的妙美。

提到融雪煎茶，论风致，莫过于栊翠庵的妙玉了。她收的是蟠香寺梅花上的雪水，在鬼脸青的花瓮里盛着。以梅花香雪烹茶，并非始于《红楼梦》中的妙玉。宋代《绿窗新话》引《湘江近事》云：“陶穀学士，尝买得党太尉家故妓。过定陶，取雪水烹团茶，谓妓曰：‘党太尉家应不识此？’妓曰：‘彼粗人也，安有此景，但能销金暖帐下，浅斟低唱，饮羊羔美酒耳。’穀愧其言。”陶穀何以惭愧？盖因风雅二字沾不得自夸，一旦沾沾自喜，则风雅顿失。俗与雅的云泥之别，不在乎你做了什么？它取决于一个“真”字及内心是否刻意。东坡说 “无意于佳乃佳”，真是一语中的。

绿萼梅

最精于雪夜饮茶的，应首推乾隆皇帝。他以雪水沃梅花、佛手、松实啜之，名曰三清茶，并命两江陶工制作专用茶瓯，并书咏其上，每于雪夜烹茶用之。窗外落雪沙沙，衬出雪夜的清寂。我悄悄走下楼，取松枝上新落的雪花，融化沉淀后，泥炉煎水，用水晶杯上投冲泡今春的碧螺春茶。西山的碧螺春，白毫隐翠，卷曲如螺。遇新烹的雪水一润，叶芽翠绿，春染杯底。入口细啜，茶汤柔软，鲜爽生津，近枇杷的花果香弥漫齿颊，回味中似有松针的散淡芳香。扫将新雪及时烹，然冬夜的“绿尘”偏寒，不宜多饮。但是，在雪夜里体验一下古人吃茶的风雅，确实心有所得，茶的文化需要不断地体悟与践行。

夜深知雪重，时闻折竹声。第二天的雪仍在下，最爱洒窗风雪夜，静似春天雨后山。我最向往的是，在古老的棂花木窗上，糊一层月白色的土纸，横斜一枝半开欲放的梅花，品茶澡雪，涤心养神。

空堂夜语清。此刻，泥炉汤沸，炭火初红。我在银叶上再熏一片红土沉香，香烟氤氲中，用中午收的雪水，泡一壶陈年的铁观音。窗外银装素裹，寒气彻骨；陋室温暖如春，清芬袭人。焚香瀹茗，澄心静坐，不觉尘心顿洗，明如雪夜潭心月。观汤色，艳红明亮；闻盖香，兰香飘荡。啜茗七水，香色撩人。雪水煎茶，清洁甘美，果如妙玉所言，轻醇无比，甘芳异常，喉吻中浮荡着丝丝不易察觉的清凉。

郑板桥写过：“寒窗里，烹雪煮茶，一碗读书灯”，古人在如豆的青灯下，执卷苦读，茶是温柔的陪伴，也是雪夜里的知己红颜。茶作为一种饮品，根植附丽于厚重的传统文化，被岁月的炉火煮得源远流长，风情万种。我辈吃茶，不应只耽于茶的秀色真味，还应多去咀嚼、回味茶汤写就的文化，那是身心真正的滋养。茶是水写的文化，文化润泽着茶的脉络。茶之无文，行之不远。

佳茗微吟
齿颊香

今冬泉城多雪，雾霾有常。后天就是冬至了，楼下的蜡梅还未见着花。不知是蕴秀蓄香，等待春来，还是生性高洁，规避尘埃？茶室里无梅清供，恰好风信子花开如伞，绯红香浓，严冬里有了些春的意思。

姜兄来吃茶，共品1998年的凤凰单丛，盏中泛金，露滑香浓，柚花香里多了陈年味道。流光逝川，岁月风尘，遮不住好茶的清气盈盈。无论是普洱茶、乌龙茶、正山小种等，耐得住岁月砥砺沉淀的，必定是茶质良好，滋味厚重、茶气强烈、富含香气的佳茗。而一款根正苗红、传承有序、存储良好、来源清楚的老茶，大都入口甘润，汤色油亮，厚滑耐泡，无霉变的杂异味道。若细辨香气，仍能品出前尘往事里隐隐的品种香。一款真正的老茶饮罢，不会令人饥饿，而是腹部温暖且有独特的饱胀感，有些喉吻会出现类似薄荷的清凉舒适感觉。有次黄昏茶聚，玉晶、大

禹本已饥肠辘辘，一泡十年陈的慧苑水仙喝透，众人皆信老茶温和止饿，不是妄言。老茶确有温暖胃肠、调理肠胃之功。

博学多思的姜兄突然问起，仅凭口感，你能分辨出好茶劣茶吗？我没有这个把握，只能随声应和说：“有诸内必形之于外。孔子有‘八不食’，已反映出圣人洞烛机先、见微知著的敏锐。”大凡美物芳茗，都是五味调和，不偏不倚，不苦不涩，冲淡守中的。一款茶，若是“细啜襟灵爽，微吟齿颊香”，而且愉悦顺口，此茶一定符合陆羽《茶经》“上者生烂石，阳崖阴林”的生态标准。好茶色、香、味、形、韵形成的物质基础，来源于生态环境的和合优美。茶园小环境内的独特气候条件，造就了茶中的茶多酚、咖啡碱、茶氨酸、糖类等呈味物质的协调平衡。茶汤滋味的寡淡、偏苦偏涩，汤色的混浊与不通透，回甘生津的不显著，同样能反映出茶树生长的土壤、植被、光照、温度、湿度、海拔高度的差异性。在某种程度上，也反映着化肥、农药、催芽剂、植物激素等滥用的污染程度。但是，有些江湖人故作深沉，凭一口茶汤就能喝出农残，那基本属于胡扯瞎蒙。因此，从某种意义上讲，喝茶品味的就是生态。茶树生态的优劣，直接决定着茶的品质与是否健康可口。生态绝佳的茶，气息纯净，入口清甜，甚至会带点不易察觉的果酸。佳茗的灵性，在乎易于染着，由此一瓯茶里，能够观照出一方的生态。

孔子说：“质胜文则野，文胜质则史。文质彬彬，然后君子。” 从来佳茗似佳人，然而好茶也有君子之风。似佳茗的佳人，一定是锦心绣口，气质优雅。而一款好茶，也必定是佳人似佳茗，温婉可人，腹有诗书气自华。茶青的山野清韵，是君子的“质”；成茶的草木花香，是君子的“文”。文与质相得益彰，香而不腻，含蓄内敛，才称得上是温文尔雅的君子茶。

冬至

冬至茶寻唐宋韵　品茗无味为至味

坭兴宜兴同问陶　杯里璀璨盏妖娆

冬至茶寻
唐宋韵

冬至一阳始生，说的是从冬至开始，天地之间的阳气开始生发，逐渐增长，这意味着自然界开始在严冬里酝酿春事。等春意浓得不可抑止，绵绵地冒出地面，春天就来临了。

冬至后，宜静养刚刚萌生的微弱阳气，不要从事剧烈运动，微汗即可。《黄帝内经》云："冬不藏精，春必病温。"冬天里，如果养藏不好自己的精气神，等春天来了，身体生发缺乏必要的物质基础，人自然就会生病。

每逢冬至，没有要事，我很少出门。今年的冬至也是如此，家人忙着包饺子，我在书房里闲翻着书。新做的仿宣德蚰耳铜香炉内，燃烧着橄榄炭，学王世襄先生，把铜炉养出古朴的秋梨皮色。

读陆羽《茶经》的茶之煮，正好可以照猫画虎，体味一下唐宋煎茶的意趣。养炉的炭火微微，可用来炙烤去年寻得的紫笋小茶饼。待茶饼微黄，满室生香，便在研钵内把茶磨成茶粉备用。

小白泥炉上的炭火方炽，银壶内盛满泉水，我掀盖看下，蟹眼已过鱼眼生，这是一沸。调少许细盐入水，再看，壶内缘的水泡如涌泉连珠，近二沸，出汤半碗止沸时用。静听，水有微涛，水近三沸，用竹夹在水中心轻搅，顺势投入炙烤研细过的茶末，待腾波鼓浪时，立即倒入半碗温水，止沸育华。侯汤，待稍沸，便可以出汤分茶了。

青瓷瓯里，“煎茶水里花千片”，“白花浮光凝碗面”。我双手捧瓯轻啜，滋味厚重，稍微苦涩，待一碗饮尽，回甘迅猛，微发轻汗。炙烤过的隔年茶饼不寒，又是炭火煎水，并添少许盐巴，咸入肾经，易入血分，以身仿效唐人煎茶，如卢仝诗中的描述：“四碗发轻汗，尽向毛孔散。”

卢仝的七碗茶诗，与诗僧皎然的“三饮便得道”，把中国唐代的煎茶，从满足口腹之欲的物质生活，跃然提升到怡情得道的精神层面。据记载，在河南沁园的桃花泉边，卢仝与韩愈、贾岛等人，品完好友孟简寄来的茶叶后，便文思泉涌，写下了比肩陆羽的光辉诗篇。诗中的“七碗吃不得”，与陆羽提出的“茶性俭，不宜广，则其味黯淡”，有异曲同工之妙。“七碗吃不得”，包含了很深刻的养生思想，既是劝世人像饮茶一样，凡事要有所节制，又是说茶淡后应少饮为佳，以减轻肾和膀胱的泄利负担，免得寒伤肾阳，尤其是在汗处较少的冬季。

茶的饮用方式，随着茶与茶器的发展不停地变化着。唐以前

唐代的茶碾

研茶的茶臼

茶的应用，尚处于粗放的煮饮、羹饮时代，陆羽认为那是“斯沟渠间弃水耳”。待《茶经》问世后，他首次以文字的方式，把中国古老的生活茶精简上升为茶的清饮。晚唐后的煎茶，已不再向水中加入精盐，以调和汤味。此后的饮茶，才算彻底进入了茶的清饮时代。尽管宋代的点茶技艺，更趋于精妙和极致，但我更认同苏轼的评价：“银瓶泻汤夸第二，未识古人煎水意。”宋人过于强调和注重汤花水脉的视觉之美，却忽视了唐人煎水的趣味，以及对于水纹、火候的精妙把握。

茶有润物之美，朴素的瓯盏里，茶香淡淡，隐约存留着唐风宋韵的精致。仿照唐人煎茶，虽然于今没有多少意义，但是，在复原唐宋的优雅茶生活里，可以触摸到已有断层之虞的中国茶道精义。

品茗无味为至味

一阳初起处，万物未生时。冬至后的气温逐渐下降，无论是雨夜、雪夜、风霜夜，我常与好友们围炉夜话，煮一壶老茶，品光阴里的冷暖。

老茶色泽枯槁，或泛白霜，像极了耄耋之年的老人，如百年宋聘、陈云号等。其干茶与茶汤里，已感知不到茶的青春气息。原本外在的浮香，已内敛凝聚于汤，臻于化境。茶汤的苦涩滋味，已然消尽，像古玉璧上的谷钉纹饰，虽事雕琢，却不着痕迹棱角。入口暖暖软软，温柔无骨。沉郁的茶气，深藏于茶汤的果味沉香之中，让人有如沐春风的温煦感觉。老茶在沧桑历尽之后，已是脱尽外在色相的看似无味，无味中又蕴含着新茶遥不可及的厚滑温润，以及充盈的茶气、温暖的体感。

品茗的无味为至味，是清代康熙年间陆次云首先提出的。他说：龙井真者，“啜之淡然，似乎无味，饮过后，觉有一种太

冬至

和之气，弥瀹乎齿颊之间，此无味之味，乃至味也。”陆次云品饮龙井的无味，大概是指西湖龙井的甘香不冽，韵致清远。他是与冒襄等文人推崇的稍具金石之气的岕茶比较，还是与清冽甘芳的野生紫笋并论？在史料证据不充分之前，我不敢贸然定论。当下的西湖龙井，鱼龙混杂，很多人追逐的早熟品种，杀青温度又低，外观的确翠绿漂亮，但青涩味重，气息不纯，也不耐泡，因此，以无味为至味的西湖龙井，已是可遇不可求了。近年来，当老茶的品饮价值被充分发掘之后，“无味”与“至味”的感觉，在真正传承有序的老茶上，得到了淋漓尽致的发挥和表现。

品茶中的无味为至味，更多是在表达一种哲学上的审美和意

茶盏及茶托

境。首先，老子的《道德经》说："常无欲以观其妙；五味令人口爽；道之出口，淡乎其无味；为无为，事无事，味无味；恬淡为上。"其中的无味，是有无相生。这种无味是其中有物，是摆脱了感官利害和具体斑驳的味道，是一种精神境界上的含不尽之意、见于言外。

其二，无味之味，即是淡味。无味处为真味，所谓真味，就是物质的自然味道与基本气韵，它是其他味道的基础。夫五味主淡，淡则味真。庄子有云："朴素而天下莫能与之争美，淡然无极而众美从之。"无味之味，蜕去了生理感官色彩，成为一个纯粹的美学概念。孔子云："质有余也，不受饰也。" 极饰反素也。有色上升到无色，有味升华为无味，从而使本色朴素的美成为至美，自然不受修饰的无味成为至味。

其三，无味是茶的真味与正味，不苦不涩、不张不抑，五味调和。味之品，是品茶的一个具体过程。味之境，才是品茶的终极目的。无论精茶粗茶，不必过分注重滋味的分别，粗茶中品出恬淡，平凡中品出闲适，困境中品出安宁，无味中品出有感于心的至味，才是茶的大道通途。道未必人人可得，至味却人人可享。

坭兴宜兴
同问陶

我国的二十四节气，起源于黄河中下游的中原地区，它的形成与农业文明息息相关。而陶器的产生，也是伴随着农业的发展而出现的。说起陶，陶与人及茶的关系最原始最亲近。原始人类在燧人氏钻木取火之后，烧土为陶，用原始的陶器，煮沸最早的茶汤。那时最早的茶叶形态，或许就是没有经过杀青、揉捻过的原始白茶。

与茶渊源深厚的名陶，主要包括广西钦州的坭兴陶、宜兴的紫砂陶、云南的建水陶、四川的容昌陶、广东潮州的红陶等，而尤以宜兴的夹砂紫陶最为成熟和完美。在每年的茶季结束后，我会去广西、江苏、广东、江西、云南境内访瓷问陶，探讨不同陶土、釉水对品茶用水的影响；不同茶器对茶汤滋味、香气的改变等等。

广西的坭兴陶，与云南的建水紫陶近似，它取泥于钦江两岸的天然细土，以西岸的硬土做骨，以东岸的软土为肉，相互配伍，骨肉停匀，经淘洗、选练、拉坯成型、雕刻、烧制、打磨等工序始成。其中，坯胎在烧制过程中，入窑一色，出窑多彩。在烧成的茶器表面上，会通过自然的氧化、还原，生成古铜、紫红、金黄、墨绿等若隐若现的窑变色彩。坭兴陶犹如璞玉，胎质细腻，不吸附影响茶的香气。又因矿质元素丰富，对茶汤的软化与滋味的苦涩度有一定的改善。但是，对普洱生茶的苦涩度改善最为明显的，还数云南的建水紫陶。一方水土养一方人，建水陶益于普洱茶，坭兴陶利于六堡茶，惺惺相惜，犹如虎跑之于龙井、碧螺春与无碍泉的关系，茶性必发于水，滋味有赖于器。

自明朝正德年间，供春在金沙寺模仿银杏的树瘿，做出了第一把紫砂树瘿壶后，宜兴紫砂便开枝散叶，名家流派辈出。文人的隐逸情怀与审美，在茶与紫砂的相互揣摩中产生了融合共鸣，此后的紫砂，便载入了文人四雅。

紫砂壶作为司空见惯的陶器大类，实用性应居第一。若能兼顾把玩、鉴赏、收藏的，实属难遇、难得之品。在当下，没有多少把壶，能禁得住岁月的大浪淘沙。一把缺乏深厚学养与原创性，仅用金钱和炒作托起的紫砂壶，是经不起历史的考验的。习茶之人择壶，只要砂料纯正、烧结温度恰当、貌端合手、出水流畅，已足矣！紫砂壶，泡茶器也，它毕竟是拿来用的。盲目地追求名家壶，最终可能是竹篮子打水一场空。

紫砂原料已经混乱不堪了，更遑论市场上的紫砂壶？紫砂

独家设计的梨形原矿朱泥壶

又称五色土，华建民先生建议按照紫砂原矿的天然颜色去分类，我认为是直观与科学的。他把紫砂泥料大致分为朱砂、紫砂、黄砂、绿砂、团砂（段砂）五种，简洁明了，一望而知。当下的紫砂市场，与普洱茶的操作手法近似，山头分得越细，市场就会越混乱；市场愈是混乱，砂料就会名色越来越多。许多做壶艺人所用的砂料，都是根据烧结的试片小样，从市场上批发来的成捆的商品泥，至于在其中添加了哪些金属调色，也许只有砂料供应商自己清楚。另外，在紫砂壶的烧结过程中，窑内的温度及其氧化、还原气氛，也能直接影响着紫砂壶表面的呈色。不同的泥料，可以烧出同一个颜色；相同的泥料，也可以烧成不同的颜色与肌理效果。故《周易·系辞》说："天下同归而殊途，一致而百虑。"

如果单从宜兴陶、建水陶、坭兴陶的原始矿料分析，其化学成分基本相近，尤其是SiO_2和Fe_2O_3的含量。但为什么宜兴紫砂的成型是拍打或镶接，而建水紫陶、坭兴陶、潮州陶的工艺，是手拉坯或泥浆灌注模具成型呢？个人以为，首先是经过反复淘洗沉淀后的成品泥的含沙量的区别，其次是原料颗粒目数的巨大差异。例如：建水陶平均为200目，宜兴紫砂在60目左右。不同的含沙量及其细腻度，决定了该陶是砂性重抑或是泥性重？砂性重的，只能拍打或镶接成型；泥性重的，唯有手拉坯或泥浆灌注模具成型。

对茶的香气与滋味影响较大的，是陶器的吸水率和气孔率。烧结温度越低，其吸水率和气孔率越高，意味着其质地结构越疏松，不适合泡茶之用。反之亦然。因此，刻意强调紫砂的气孔结构与陶器的透气性，是没有任何意义的。只要是陶器，都会透气的。气孔率高，意味着其结构的疏松，如此会吸附茶的香气，影响茶的正常滋味的准确表达。

人的精力和阅历，总是有限的。术业有专攻。不要试图想把任何东西都搞得清清楚楚。作为一个习茶人，对砂料的分类，不必研之过细过深，要善于把复杂的问题简单化，否则，容易陷入道高一尺、魔高一丈的误区。紫砂本来以“砂”为本，如同普洱茶的山头大树一样，一旦过度细分，就会被利益驱动搞得极为复杂与茫然不知所措。不畏浮云遮望眼。其实，在云南的每个茶区，都有值得品饮与存储的上佳之茶。

在小兵兄的引荐下，在丁山见到立烽，他乡遇老乡，是一个惊喜。我尤喜立烽的壶刻与茶画，欣悦利烽茶画中的那种疏朗清劲，总感觉其中有物。几笔寥寥，构图疏淡。冷花枯叶，情感炽然。简洁笔意中的茶韵茶境，意味深长，令人神往。

杯里璀璨
盏妖娆

在品茗的闻香知味、会韵悟道中，茶器之美，尤不可缺。一杯一盏，可洞见主人的底蕴修为与审美情趣。台湾建筑大师汉宝德说："美，从茶杯开始。" 一语道尽大美之道，美往往隐逸于平常器物的不经意间，是一种穿越时空与意识形态的文化力量。

茶杯虽小，却是一席茶中不可忽视的主角。茶杯的釉色、釉水的配比、胎体的厚薄、烧结的温度、器型的高低、口沿的敞敛，实实在在地影响着一杯茶香气的聚散、茶汤的滋味。一个好的茶杯，执手在握，轻盈温润。杯口与唇齿相依，饮尽茶汤的一刻，有爱人柔情似水的熨帖，顷刻便生出"执子之手，与子偕老"的情愫与执着。

近年来，我对各色茶杯，凡入目动念者，兼收并蓄，小有所积。其釉色红的祥瑞，青的淡雅，黄的贵气，白的圣洁，但当把玩到最后，却独钟爱黑釉的沉稳深邃，抚之触之，发人幽思。与铁黑结晶釉系中油滴盏的缘分，结于九十年代。那时年轻，对油滴盏没有概念，只是感觉其中有象且很耐玩，便低价收藏了许多。

后来，我通过走访和查阅资料才知道，这批油滴盏当时是由侯相会大师负责设计，根据出口日本的订单要求烧造的。当淘来的柴烧油滴盏，快要分享完毕，我才明白这批油滴盏的名贵难遇。油滴盏与兔毫、黑定盏、鹧鸪斑、玳瑁盏一样，发端于宋代，极盛于南宋，到了清代工艺基本失传。其着色剂主要是铁的氧化物，其中三氧化二铁的含量占5.34%，二氧化硅与三氧化二铁的比值，要比其他黑釉瓷高出许多。

在烧制过程中，铁氧化物聚集，冷却时形成饱和状态，并以赤铁矿和磁铁矿的形式析出晶体，形成闪着金属光泽的油滴状圆点。油滴的形成，对于烧制火候和釉层的薄厚，有着极为苛刻的要求，故烧造成型极难。民国时期，烧窑出身的侯相会，参照出土的油滴瓷片，历尽艰辛，成功复原烧造了华北油滴盏，却被当时的侵华日军抢劫一空，奉为至宝。1959年，由日本方面提供器型，并点名要求侯相会先生，帮助烧制一批油滴器具。为完成日本的订单要求，年高69岁的侯相会，被抽调到当时的淄博美陶。1962年，这批油滴茶器，正式通过青岛海关出口日本，第一次的出口数量为2000件。订单完成以后，侯先生于77岁正式退休，这在当时属于特例。随着1976年侯相会的去世，这批柴窑烧、手拉坯、天然矿料的油滴盏及其烧造技术宣告失传。

静清和收藏的北方油滴盏

油滴盏的釉面，似漂浮在水面上的油滴，星光闪烁。盏盛白水闪烁银光，如遇不同色系的茶汤，反射茶汤的颜色之后，会闪出不同的金光、黄光、紫光等，五彩瑰丽，贵气十足。油滴茶盏如用茶汤滋养一段时间之后，自然光照下的釉面，如迷幻彩虹，可谓千江有水千江月，万种茶汤万重色。故在宋代，油滴盏又称为“金汁玉液碗”。

油滴盏，低调奢华，如衣锦夜行。逢茶遇水，方显金玉其质。握一盏在手，茶汤深处，照见浩瀚星空灿烂。我常用油滴盏与当代的茶杯，同时品饮同一种茶，油滴盏的茶汤，水偏细滑，苦涩度低，香气稍高。

油滴盏玉液金质，万变炫丽，尽在一个耐玩。这批如墨玉般的盏，因是剩余的库存，基本都有点缺陷，要么器壁有棕眼，要么器形有点椭圆。但凡老物存世，都有因缘，十老九残，不残不会与我辈见面。喝茶惜缘，容忍器物的缺陷，是茶外的修行功夫。我不追求圆满，圆满的早已涅槃。观世间诸物，向之所欣。俯仰之间，已为陈迹。我辈所能，唯摩之、赏之、敬之、宝之。

小寒

小寒夜静闲谈时 又照霏霏满碗花

老熟散喝脚丫暖 故纸犹香旧春色

小寒夜静
闲谈时

小寒大寒，冷成冰团。小寒夜，与云南百濮子、上海的铁杆兄灯下吃茶。爱普靠谱的老友相见，喝茶自然是以普洱茶为主。品濮子兄带来了倚邦古树，倚邦的干茶，色泽浅黑微黄，芽叶较小，条索短细。瀹泡汤色金黄，入口清甜，苦涩味轻，口感饱满，香气高扬，喉韵深长。我在苏州讲课，带学生喝过典型的倚邦小叶种“猫耳朵”，香幽若兰，高香顺口，清甜无涩，瞬间可以征服刚刚习茶的朋友。

普洱茶，是云南大叶种的晒青毛茶。按照现代普洱茶的定义，倚邦小叶种茶，是否属于普洱茶，很多人于此是困惑的。吃茶间，濮子兄解惑地说：“历史悠久的倚邦小叶种茶，应该是云南大叶种茶树变异的品种，才能符合倚邦茶质厚重、茶气充盈的类大叶种特点。”我认可濮子兄的见解，他常年行走云南的茶山，对茶山的一草一木、历史沿革，是十分熟悉的。茶树在地理环境的变迁和人类活动的影响下，从大叶种演化为中小叶种，是十分正常的，但是，茶树的进化性状不可逆转，即不能由小叶种向大叶种进化。我在攸乐、景迈等很多古茶山，都看到过数量不等的中小叶种古茶树的存在。

如果返回头来看看历史，假如没有倚邦等高香清甜的中小叶种存在，普洱茶在清代能否成为贡茶，是需要打个问号的？乾隆进士檀萃在《滇海虞衡志》记载："普茶名重于天下，出普洱所属六茶山，一曰攸乐、二曰革登、三曰倚邦、四曰莽枝、五曰蛮砖、六曰曼撒，周八百里。"六大茶山中，除曼撒属易武土司管辖外，其余五山均归倚邦土司管辖。倚邦古茶山位居勐腊县象明乡东部，北接景洪市勐旺乡，南连曼砖茶山，西接革登茶山，是滇藏茶马古道源头的中心枢纽。

倚邦茶以曼松的茶味最好，故有"吃曼松看倚邦"之说。明代成化年间，当地官员遍寻"六大茶山"后，发现曼松茶色香味俱全，口感与汤色居六山之首，而且具备"受水冲泡、站立不倒"的特点，便快马送到朝中。明宪宗皇帝品过此茶后赞不绝口，当即决定将曼松茶作为朝廷贡茶，并赋予它"象征大明江山永不倒"的政治意义。

清朝，是曼松茶真正步入鼎盛辉煌的贡茶时代。当曼松正式列为皇家贡茶园后，便规定在贡茶采办期间，所有商人不得入山。前年的春天，我在勐海问茶，与古农的岩文兄，在曼弄村的竹楼上品过一泡曼松茶，那种饮之太和、犹之惠风的香甜至今难忘。曼松

茶成熟叶片的叶脉有八对，是标准的中叶种。茶汤细腻柔滑，清冽鲜爽；香气为花果蜜香，变幻极富层次感。五水之内，圆润饱满的冰糖甜香，如含苞的花瓣，逐渐次第绽放。即便是数十泡之后的尾水，曼松茶纤秾之后的冲淡之美，那种清雅高贵的皇家气韵，也会让我喝得腹背暖暖。曼松茶的茶气硬朗，饮后的暖感强烈，这个特点是其他新茶少见的。后来我才知道，在曼松老寨里，树龄超过百年的大树不足七十株，那一年春茶的产量只有十公斤左右。

倚邦啖尽，再撬出七克易武落水洞的古茶冲泡。易武落水洞是典型的大叶种茶，与倚邦同属于清甜高扬、汤水柔和、苦涩适中的温柔佳人。期间，谈到当下大树茶的制作，做茶最终拼的还是资源，要注重对源头核心区域的把控，以及毛茶初制的严格把关。否则，满池塘的蝌蚪，立秋之后，不知道究竟能有几只成长为青蛙？

静清和的野生千两茶基地

喝健康的茶，更要学会健康喝茶。小泥炉上的银壶，茶烟水汽缭绕，提前煮着湖南安化的老千两茶。落水洞的新茶偏于寒凉，不宜多喝。饮尽这盏香甜柔滑的千两茶汤，寒夜里送走朋友，口齿噙香，身心温暖。

又照霏霏
满碗花

煎茶盛于唐代，点茶、分茶流行于两宋。煎茶，是待水三沸后，将茶末倒入釜中再次煮沸，舀出品饮。点茶，是先把茶末投至碗中，注入少量沸水调成糊状，再注入沸水。或者直接向碗内注入沸水，用茶筅搅动击拂，形成粥面。又因击拂之法不同，使其汤面形成变幻无穷的物象者，即为分茶。简单地说，煎茶与点茶之别，是先煎水还是先投茶末。

北宋陶穀《荈茗录》记载：“茶至唐始盛，近世有下汤运匕，别施妙诀，使汤纹水脉成物象者。禽兽虫鱼花草之属，纤巧如画，但须臾即就散灭。此茶之变也，时人谓茶百戏。”陶穀所述的茶百戏便是分茶，盏面上的汤纹水脉会幻变出种种图样，若山水云雾，花鸟虫鱼，恰如一幅幅水墨图画，故又称“水丹青”。可见，煎茶与点茶皆属于烹茶的范畴，分茶是从属于点茶的技巧与艺术。

煎茶和点茶，从程序上看，要比我们当下喝茶复杂得多，但是，茶的滋味、香气、韵味表达，不见得比今天的工夫茶泡法更好。东坡的朋友季常，写有“茗瓯对客乳花浓”，梅尧臣也有“春瓯茗花乱”，诗中的“乳花”“茗花”，都是指击打的茶沫。点茶通过击拂产生了很多泡沫，茶汤可能会偏于柔和轻软。如果泡沫再打得厚实些，即陈季常的“乳花浓”，就类似于咖啡的拉花，便很容易呈现图案幻象了，这就是分茶。

“分茶何似煎茶好，煎茶不似分茶巧。”唐宋烹茶，尤重盏面乳花的视觉之美。陆羽《茶经》里描写煎茶：“如枣花漂漂然于环池之上，又如回潭曲渚青萍之始生，又如晴天爽朗有浮云鳞然。其沫者如绿钱浮于水湄，又如菊英堕于樽俎之中。”宋徽宗《大观茶论》记述点茶：“如酵蘖之起面，疏星皎月，灿然而生。”欧阳修有“拭目向空看乳花”，元代谢可宗有“香凝翠发云生脚”，吴文英有“玉纤分处露花香”，等等。从唐至宋，茶不仅能涤除昏寐、解渴生津、散郁清心、祛病怡神、行道雅志，而且更重要的是，茶始终作为一种高雅艺术、生活美学的载体而薪火相传，滋养着一代代散淡空灵的文人雅士。

当今的饮茶方式，无论怎样比喻和美化，尚处于“柴米油盐酱醋茶”的生活茶中。即使伴以参禅悟道，对茶的色香味形的物质属性，并没有太大的突破。古人的“琴棋书画诗酒茶”，属于形而上的精神层面。其中的酒，并非是饮酒，而是指酒令、诗

湖州博物馆刻有“茶”字的四系罐

筹。茶非饮茶，是指点茶、分茶。这些，从宋人充满艺术性的四般闲事，即焚香、斗茶、挂画、插花中可见端倪。

古人点茶斗茶，除了茶品、水质、火候外，更注重煎煮、冲点、分茶的综合技巧与艺术美感。茶色尚白，以茶喻人，励志清白。瓯盏贵黑，衬托茶色之白，用以准确展现黑白变化的丰富层次。朴素的黑白色彩，如同宣纸和陈墨，通过斗茶，显现出一种阴阳相生、虚实相映的抽象艺术，以及其妙不可言的素雅审美情趣。因此，作为农产品的茶，如果远离了文人雅士，远离了艺术和审美，茶就是一杯缺乏思想的日常饮品。即便是“清风已生腋，芳味犹在舌”，也还是处于形而下的物质层面。

对唐宋精致的煎茶与点茶，我们可以致以敬意，但不能过于神化。现代制茶工艺的发展，许多茶类已不适合煮饮和点茶。没有人格高尚的文人雅士参与，点茶和分茶也不过是市井的小把戏而已。只要茶汤的颗粒细腻度与浓度足够，就可在短时间之内，掌握点茶的全部技巧。但是，盏面呈现的汤纹水脉，文字图像的勾勒和意境的营造，是需要很深的艺术造诣的。因此分茶在宋代，只是文人墨客的生活消遣，他们在休闲玩耍中，发掘了茶汤另一层面的美。

老熟散喝
脚丫暖

案头清供的石榴，风干后棱角分明了许多，红颜不改。娇黄的佛手，有些萎缩褐黄，却清香依旧。如此天然的瑞气宝象，再焚沉就有点多余了。

节物相关，天寒物衰，一庭霜叶一窗风。茶室温暖，我与郑兄品竹窠的肉桂，辛香温通。瀹慧苑坑的水仙，清凉过喉。第三道茶，是八十年代的老熟散。干茶条索肥硕，略显金毫。紫砂壶瀹泡，汤色酒红通透，入口糯香浓郁，参香略显，滑爽稍欠，应该是昆明仓储。三水后，茶气上冲百会，下通涌泉，五泡通体微汗，因茶无名，郑兄笑言叫“脚丫暖”吧！

一款茶有无明显的愉悦感和体感，可作为鉴别茶之优劣的标准之一。茶气有质无形，茶气的感知，是随着血液的运行布散实现的，其实是茶汤浓度的扩散快慢使然。苦涩浓强，属于茶的滋味，与茶气无关；头晕乏力，有可能是血糖降低或低钠血症，更非茶气，有此征兆，应立即停止饮茶。经年储存良好的老茶或生态绝佳的好茶，内质丰富，表现为茶汤的细滑稠厚。茶汤内含的小分子物质含量高，相应地造成茶汤向体液、血液扩散的速度加快。当这些小分子物质扩散到体液、血液后，随之就把茶汤的热量带进体内，入血的小分子物质浓度越高，就表现为背部的体感、热感越强烈。反之亦然。后背的体感明显，是因为人体的后背属阳，大阳经如膀胱经、督脉等，首先要全部通过后背。当然，老茶的茶气，也体现在发生裂变后的小分子有机物增加，比较容易渗透和吸收有关。

唐代卢仝的七碗茶诗中，有“四碗发轻汗，五碗肌骨清”。茶汤入腹，补充水分，气血调和，阴阳平衡。五脏各有其华，

心，其华在面。有效调节了身心健康，尤其改善了面部的血液微循环，茶喝久了，焉能不媚颜如花？茶氨酸可颐养静气，静能祛燥，静可生慧，使人温润如玉。同时摄入的茶多酚的抗衰老、防辐射、抗氧化等，也是青春常在的主要原因。

对上文谈到的昆明仓储，个人认为：昆明藏茶干燥，茶质转化得虽慢，但却保持了茶品的真味正香。南方藏茶湿度高，茶转化得快，有助于茶品滑厚度地提升，但对香气的损减较大。环肥燕瘦，各有所好。只要茶不霉变，余下的都是见仁见智，量体裁衣，看你内心需要什么？

执壶之手，与茶偕老，是茶中有滋味、有追忆的境界。茶人俱老时，茶汤安静柔和，少了纷杂的烟火味道。犹记当年春衫薄。 在茶里互参共省，融进了儒家仁正的气息，便有了“吾日三省吾身”的觉悟。茶者，查己也。于茶中返观内照，清气勃发时，靠近了道。待茶汤稀释了贪嗔痴，滋养出颐和之气，茶里就多了禅意。茶与佛，茶禅一味。茶与道，茶道同根。茶与儒，颐养淡和。千载儒释道，万古山水茶。以茶可行道，以茶可雅志。毕竟中国优秀的传统文化是互参共通的。

故纸犹香旧春色

盏中茶温。清早闲翻祖上留下的中医古籍，墨痕淡开，故纸犹香。泛黄的古旧线装书籍，横轻竖重，不费目力。不惟是典雅精致的书卷气令我着迷，执卷在手的那种柔软与温暖，如温香软玉，更叫人心生怜惜。独持旧卷，相与尽年。没读过线装书，的确很难体会到读书的那份闲暇之趣与怡悦之情。尤其是古籍透出的那种淡淡的陈年味道，夹杂着一股幽凉沧桑的烟尘气息，多像一片老茶的味道啊！

阅览祖上曾经读过的那些宣纸旧书，心里沉甸甸的，看着天头地脚批注的一列列朱砂蝇头小楷，似曾相识，尤为暖心。其书法优劣姑且不论，单就读书随记的笔墨功夫，已足以令我汗颜。不动笔墨不读书的好习惯，于我已渐行渐远，诸事依赖电脑，常常提笔忘字，是以为恨。旧书细读犹多味，这份传承，这种鞭策，激我发奋却少恒心，故半生碌碌，心寄于茶。羡慕渊明先生“好读书，不求甚解；每有会意，便欣然忘食”，这才是读书的

慧苑禪寺

乐趣与享受。书读的是微言精义，何必要苦苦的“求甚解”呢？如是之，便会像郑板桥所言：“今人有学而无问，虽读书万卷，只是一条钝汉尔。”

我无法想象祖上的音容笑貌，更无法揣测他们是如何读这些书的？只是手触目阅，已倍感亲切。想必他们也如我，每读书，必沐手，才保持了旧书的风致与沉静之美。至此，我不敢求“绿衣捧砚催题卷，红袖添香伴读书”，如能焚香端坐，松桂清荫静读，有茶一盏，一生足矣！

午后，有友来访，共品马头岩肉桂（简称马肉）与水帘洞肉桂（简称水肉）。二者的干茶、汤香，均有淡淡的乳香气息，香

韵均能过喉。坐杯久泡，不苦不涩，说明焙火到位。马肉气足水厚，芳香辛锐，花香、果香具足，杯底留香馥郁持久。水肉幽微清甜，泛着细腻的水蜜桃气息，时而有花香、果香在汤中和杯底往复呈现，清凉耐泡。

肉桂虽然以典型的辛锐桂皮香气，作为该品种的重要香气特征。但是，由于正岩茶区地处幽谷深壑，空气湿润，植被良好，云雾易聚难散，光照直射时间短，因此，正岩茶很少表现出浓烈的桂皮特征香气。越是好的山场，其辛窜的桂皮气息，就会越弱乃至若有若无。相对于外山茶，正岩肉桂的香气持久细腻，幽而不烈，芬芳醇和的花果香气，持久地隐现于杯底与尾水之中。在这两款肉桂中，马肉霸气香高，与马头岩地区的地域开阔、光照充足、小溪和树木较少等环境因素有关。水肉甘甜幽雅，是因为水帘洞区域常年水流潺潺，山高沟深，生态更佳所致。

两款岩茶火气未退，饮下有些燥喉。送走朋友，我杯泡早春的峨眉竹叶青，翠绿的芽笋颗颗玉立，悠悠的栗香悦鼻，此情此景，让我想起了杜甫的《江畔独步寻花》诗句：“繁枝容易纷纷落，嫩蕊商量细细开。”如果说“繁枝容易纷纷落”，是冬日窗外的风景萧索，那么，“嫩蕊商量细细开”，不就是当下杯中的绿影娑婆吗？望着室内清供的枯萎棠棣及其杯中快要喝乏的绿茶，我若有所思：花是昔日花，茶是春日茶，然而，都已是繁华过往的旧时春色。

大寒

昆虫于茶有造化　插枝梅花便过年

破五开年说泡茶　唯水知道茶滋味

昆虫于茶
有造化

北方的冬天，暖气营造的窗外寒冷、室内燥热的小环境，有时让人口干舌燥，内火蕴积。择机喝一泡绿茶、白茶或龙珠茶，可养阴清热，清凉愉悦。龙珠茶，清凉生津，滋味稠厚，不苦寒伤胃而有健胃消食之功，尤适于冬日上火、不太运动、消化不好的我。

龙珠茶是虫屎茶的美称，简称虫茶。虫屎茶，名虽不雅，却是有着清雅香气、回甘极好、饮之清凉的好茶。如同兼有杏仁香和柚花香清幽的乌叶单丛，也因大俗实雅的“鸭屎香”名字而声名鹊起。

虫茶又叫“茶精”，主产于湖南、四川、贵州的山区。当地人在谷雨前后，把野藤、茶叶和换香树等枝叶堆放在一起，招引小黑虫吃完枝叶，留下来的比黑芝麻还小的粒状虫屎，经过筛分后，再把它按比例加上茶叶和蜂蜜，在锅里炒干炮制而成。最厚重高香的虫茶，当属在霜降阶段、广西野生六堡茶中

凤凰单丛

所产的虫屎。

虫茶药用价值较高，陈年的更是珍贵难得。冲泡时，可用100ml上下的盖碗，量茶1克左右，沸水冲泡，随进随出。新的虫茶，汤色乌深，呈古铜色，气息清郁甘醇，无任何异味，颇似高等级的绿茶，但比绿茶要醇厚耐泡。

今年春天，我与丰年兄在潮州的天羽茶斋，榄炭煎水，银器瀹泡，品过叶汉钟珍藏的“茶丹”，味美质厚难得。其汤色，陈化的如红酒般的养眼透亮，饮毕齿颊甘甜清凉。汉钟兄的老“茶丹”，颇有来历。那是遗忘在仓库中的六十年代凤凰单丛，等发

茶丹

现时，原本九十多斤的干茶，只余三十斤虫屎及茶梗碎屑。难怪叶兄的老“茶丹”里，有着单丛放荡不羁的清扬高香。

虫屎茶，是以虫为鼎，把昆虫吃进的茶叶和体液，在体内融会贯通，进行了腐熟造化，如道家自然练出的金丹，通玄妙，得幽微。“金丹”里既含有茶叶的主要成分，又有一定量的粗蛋白、粗脂肪和人体所需的微量元素。因此，虫茶的营养和药效远高于普通茶叶。据记载，台湾南投卷叶虫产生的虫茶，外销英国和日本，价同黄金。李时珍的《本草纲目》认为：虫茶具有清热、去暑、解毒、健胃、助消化等功效，对腹泻、鼻衄、牙龈出血等有较好的疗效。清代从乾隆年间开始，虫茶被视为珍品，每年定期向朝廷进贡。光绪年间的《城步乡土志》记载：“亦有茶虽粗恶，置之旧笼一、二年或数年，茶悉化为虫，故名之虫茶，茶收贮经久，大能消痰顺气。”

虫有害于茶，却也成就了茶。如台湾的东方美人，因了成群的小绿蚁，吮吸着涎了茶的嫩叶，便以虫灾造就了茶的迷人香韵。我行走茶山数年也发现：凡被昆虫最早叮食过的茶树，一定是这个区域里最清甜的。这样的茶青，做成绿茶，鲜爽味甘；做青制成乌龙茶，香清甘活；发酵做成红茶，花蜜香浓。造化可能有深意，茶因虫的参与而生妙香，是虫茶合力、天人合一的一段快意趣事。

插枝梅花
便过年

小时候家里穷，所以，我经常期盼着过年。只有过年，才有新衣服穿，有鞭炮放，有大块的肉朵颐。购买年货时，父母会专门买一些品质较好的茉莉花茶，招待春节后来往的亲戚。也只有过年，才有机会蹭点好茶解馋。

长大后，收藏了数不清的精美茶器，储存了几十年也喝不完的好茶，却不再喜欢过年。秋月春风等闲度。我不期待的年，却总是陡然间到了眼前。

一岁年龄一岁心，岁月匆匆不由人。对中年的我而言，年是人情的关口，是莫名的乡愁。世味年来薄似纱，尤其是年关的熙熙攘攘，你来我往，令人身心俱疲。

有钱无钱，回家过年。近乡情怯，也只有喝茶息心。细品茶中的甜，味中的淡，不能不想临近的年。年，在较为传统的我的心里，已不是个简单的节日，它甚至超越了节日的全部意义，是镌刻到骨髓里多元的无法消减的记忆。这一天，当噼里啪啦的鞭炮声响起，无论是远在天涯，近在咫尺；无论是锦衣豪裘，流浪沦落；无论回乡的路途，有多么的艰难，都要奔家，都要过年。

去年的除夕，我和家人谈到了什么是幸福？国人眼里的幸福，大多是以美满为前提的。没有了美满，哪来的幸福？过年

了，年迈的父母念叨，别离的夫妻期盼，留守的孩子翘首。当年夜饭围坐的饭桌上，缺少任何一个人的时候，父母、妻子那种五味杂陈的感伤与失落，是其他任何时候都不曾有过、更难以弥补的。此时此刻，父母、妻子望不见你的那一滴清泪，足以泯灭一个人远在天涯所拥有的成就感觉。这或许就是年，对于每个国人所具有的最朴素、最深刻的意义。

回家过年吧！无论此刻您在哪里。过年了，给辛苦一年的父母，泡一壶经年的老茶，茶里藏着光阴的故事。琉璃盏，琥珀浓，小壶茶滴珊瑚红。陈年的老茶温和，珊瑚红的汤色喜庆，琥珀一样浓酽的茶汤里，含着茶寿的祝福。金岳霖先生在88岁寿辰时，同庚好友冯友兰为其撰写的寿联中，就有“何止于米，相期于茶”的祝愿。因为米寿是88岁，而茶寿则是108岁。这足以说明，喝茶比单纯吃米寿命会延长20年。

梅破知春近。每逢过年，阳台上那株绿萼梅，都会如期盛开，吐散着寒香幽芬。郑板桥有诗：“寒家岁末无多事，插枝梅花便过年。”年到了，梅开五福，五福临门。与家人暖意融融地饮一壶茶时，最好能再插枝梅花。也可把含苞的梅花一朵，丢入到盖碗或茶杯里，清赏茶汤里梅花的旋即开放，暗香浮动。其实，只要安于当下，内心丰盈，不插梅花也过年。

破五开年
说泡茶

农历的正月初五，在老家又叫“破五”。大年初一到初四，老人不允许干其他杂活，甚至不允许打扫卫生。等破五的黎明鞭炮放完后，禁令自动解除，就允许室外工作、外倒垃圾，店铺开业了。

破五开年，辞旧迎新。管窥之见，粗略分享一些泡茶经验。我国是产茶的大国，据不完全统计，仅名优茶就多达千种，其中获得省级以上名优称号的，就有四百多种。不同的茶，外观形状、茶青老嫩、杀青轻重、发酵程度、焙火温度等各有不同，因此，影响泡茶的投茶方式、泡茶水温、注水法则、出汤时间等要素，应有的放矢，有所区别。

现在的泡茶方式，属于瀹泡法，又叫撮泡法。明代陈师的《茶考》记载：“杭俗烹茶，用细茗置茶瓯，以沸汤点之，名为撮泡。”撮泡法起源于唐代散茶的泡饮，历经宋代，直到朱元璋废团改散之后，从明代开始流行。

泡茶的“泡”字非常形象，看字形就能明白，泡茶就是“以水包茶”。泡茶时，应注水缓缓，不要让水流把茶叶冲击的人仰马翻。要让热水包裹着茶，慢慢地把茶浮起来。一款冲泡比较到位的茶，单看叶底的表现，就可知微见著。如果仔细观察，就会发现：叶底的叶张蓬松，层层叠叠地有序交错着；叶张活力十足

且有弹性；通过叶底的痕迹，甚至能够判断出注水方向。

对于大部分茶类，尽量选择较高的水温泡茶。茶的香气物质，属于高沸点、挥发性的有机物。泡茶温度的选择，应至少高于该茶的杀青温度、干燥温度、焙火温度。水温不高，茶香难发。水温若是过低，不仅很难激发出茶的香气，而且会因茶内质溶解度的降低，造成茶汤的寡淡无味。很多夏秋茶的冲泡，选择较低水温，本质上就是为了降低苦涩物质的溶出速度。对市场上低温杀青的绿茶，水温可以略低一些，否则，容易暴露出茶内不该存在的青气与苦涩。水温是茶质优劣的试金石。较高的水温，既可使高品质的春茶如虎添翼，又可使工艺不佳的茶类原形毕露。好茶不怕开水烫，但惧水蒸气的闷杀。因此，在泡茶时，应特别养成出汤前后及时开盖、逸散水汽的良好习惯。如同居家炒菜，闷炒的菜不会鲜脆美味。

一款茶青与工艺上佳的茶，无论谁来冲泡，对茶的真香雅韵，都不会有太大的影响。用心泡茶，可使好茶锦上添花。但是，过分注重技巧才能泡好的茶，一般不是山场的茶青有问题，就是制作工艺上存在一些缺憾。泡茶并不神秘，滋味好不好喝，是茶汤的浓度把握问题；香气的表达是否准确，则是温度问题。如此而已。

唯水知道
茶滋味

唐代张又新在《煎茶水记》中说："夫茶烹于所产处，无不佳也，盖水土之宜。离其处，水功其半。然善烹洁器，全其功也。"此论甚妙。由于产茶本地的水，与茶青中含有的75%左右的水分相似而相溶，因此，用原产地的水冲泡原产地的茶，才能最大程度地表达出其香气、滋味、厚滑、气韵等。明代许次纾的《茶疏》说："精茗蕴香，借水而发，无水不可论茶也。"茶的香气与滋味，是靠与它相融的水来阐发的，没有适合并准确表达它的水，又怎么可以论茶呢？既使去高谈阔论，也不过是不尽准确的敷衍。水为茶之母，器为茶之父。不懂水，焉知茶？

明末张大复《梅花草堂笔记》认为："茶性必发于水，八分之茶，遇十分之水，茶亦十分矣；八分之水，试十分之茶，茶只八分耳。"精于茶道的张大复，虽是个盲人，却深知茶性必发于水的奥妙。因此，要想把茶泡好，水的选择正确与否，至关重要。

《红楼梦》中的妙玉，用旧年蠲的雨水泡老君眉，用梅花上收的雪水瀹体己茶，尽在一个水“软”。嗜茶的乾隆皇帝，在夏秋之际，收集荷叶上的露水烹茶；并特制银斗，以此来衡量各地泉水的比重，最终认定京西玉泉为水质第一，旨在一个水“轻”。他在《荷露烹茶》一诗的小序中，颇有智慧地指出：“水以轻为贵，常制银斗较之。玉泉水斗重一两，惟塞外伊逊河水尚相埒。济南珍珠，扬子中冷，皆轻重二三厘，惠山、虎跑、平山则更重，轻于玉泉者，惟雪水及荷露云。”宋代蔡襄《茶录》中说：“水泉不甘，能损茶味。”上述关于泡茶用水的“软”“轻”“甘”，其本质都在表达水质的纯净程度。水质越清纯，其所含的杂质、硬度、离子浓度等对茶的滋味、香气、汤色，就会干扰越少；茶的内含物质在水中的溶解度，则会越高，体现在茶汤方面，就是甘厚软滑。如果在泡茶时，对某地的水没有多少把握，纯净水就是一个最佳选择，至于其他水质是否更优，可把纯净水作为一个可靠的衡量标准。对于泡茶用水的具体论述，限于篇幅，不再赘述，详见拙作《茶席窥美》和《茶与健康》。

茶器对茶汤的影响，是通过胎与釉中所含的Fe_3O_4的弱磁性，改变着水分子团的结构。水分子团的结构越小，茶汤就会表现得越濡软细滑，这点类似于焙火程度对茶汤通透度的影响。我常用

顾渚山下的金沙泉

老油滴盏、老青花杯、老龙泉青瓷杯，来试茶品茶，尤其是柴窑器具，对茶汤的影响比较明显。

我们在煎水、瀹茶、品茶时，每个人的情绪和心智有别，情绪状态又直接影响着人的感觉、嗅觉、味觉的敏感程度，因此，不同的人，在不同的环境中，在不同状态下，对于每一款茶的香气变化、回甘强弱、细腻程度、厚滑感觉、苦涩滋味、耐泡程度等，均会存在细微的认知误差。这即是我们常说的的一茶一世界，一味一人生。先有分别心，自呈茶百态。春江暖，鸭先知。茶滋味，水知道。

主要参考书目

1. 陆次云：《湖壖杂记》，中华书局1985年版。

2. 刘安、陈静：《淮南子》，国家图书馆出版社2021年版。

3. 李昉：《太平御览》，河北教育出版社1997年版。

4. 孟诜：《食疗本草译注》，江苏凤凰科技出版社2017年版。

5. 陈藏器、尚志钧：《本草拾遗辑释》，安徽科学技术出版社2003年版。

6.《黄帝内经》，人民卫生出版社2013年版。

7. 李时珍：《本草纲目》，人民卫生出版社1977年版。

8. 李中梓：《本草征要》，北京科学技术出版社1986年版。

9. 张景岳：《类经》，中医古籍出版社2016年版。

10. 赵学敏：《本草纲目拾遗》，中医古籍出版社2017年版。

11. 封演：《封氏闻见记》，辽宁教育出版社1998年版。

12. 陆游：《陆游集》，中华书局1976年版。

13. 周亮工：《闽小记》，上海古籍出版社1985年版。

14. 唐圭璋：《全宋词》，中华书局1965年版。

15. 彭定求等：《全唐诗》，中华书局1960年版。

16. 徐松：《宋会要集稿》，中华书局1957年版。

17. 苏轼：《苏东坡全集》，北京燕山出版社2009年版。

18. 苏轼：《苏轼诗集》，中华书局1992年版。

19. 徐珂：《清稗类钞》，中华书局1984年版。

20. 马端临：《文献通考》，中华书局1986年版。

21. 谢肇淛：《五杂俎》，辽宁教育出版社2001年版。

22. 臧晋叔：《元曲选》，中华书局1989年版。

23. 宛晓春：《茶叶生物化学》，中国农业出版社2014年版。

24. 方健：《中国茶书全集校正》，中州古籍出版社2015年版。

25. 吴觉农：《中国地方志茶叶历史资料选辑》，农业出版社1990年版。

26. 张时彻：《珍本医籍丛刊》，中医古籍出版社2004年版。

27. 章穆：《调疾饮食辩》，中医古籍社1999年版。

28. 曹雪芹：《脂砚斋评石头记》，上海三联书店2011年版。

29. 佚名：《食物本草》，江苏广陵书社2015年版。

30. 聂鈫：《泰山道里记》，杏雨山堂刻本1773年版。

31. 袁景澜：《吴郡岁华纪丽》，凤凰出版社1998年版。

32. 普济：《五灯会元》，中华书局1984年版。

33. 鸠摩罗什：《金刚经》，中州古籍出版社2009年版。

34. 陈淏子：《花镜》，农业出版社1956年版。

35. 沈复：《浮生六记》，广陵书社2006年版。

36. 冒襄：《影梅庵忆语》，内蒙古人民出版社1997年版。

37. 陈继儒：《养生肤语》，上海古籍出版社1990年版。

38. 高濂：《遵生八笺》，人民卫生出版社2007年版。

39. 郑玄：《礼记郑注》，学海出版社1979年版。

40. 孟元老、吴自牧：《东京梦华录、梦梁录》，江苏文艺出版社2019年版。

41. 黄元吉：《道德经注释》，中华书局2013年版。

42. 寇宗奭：《本草衍义》，中国医药科技出版社2021年版。

43. 陈景沂：《全芳备祖》，浙江古籍出版社2014年版。

44. 王实甫：《西厢记》，长江文艺出版社2019年版。

45. 方玉润：《诗经原始》，中华书局1986年版。

46. 周亮工：《闽小记》，福建人民出版社1985年版。

47. 陈鼓应：《庄子今注今译》，中华书局1983年版。

48. 黄寿祺：《周易译注》，中华书局2016年版。

49. 檀萃：《滇海虞衡志》，商务印书馆1936年版。

50. 朱自振：《中国茶叶历史资料续辑》，东南大学出版社1991年版。